U0180249

人形物语

BJD娃娃+二次元风黏土手办妆容绘制技法

神之月晓
著

电子工业出版社
Publishing House of Electronics Industry
北京·BEIJING

图书在版编目（CIP）数据

人形物语：BJD娃娃+二次元风黏土手办妆容绘制技法 / 神之月晓著．—北京：电子工业出版社，2021.11

ISBN 978-7-121-42204-1

Ⅰ.①人… Ⅱ.①神… Ⅲ.①化妆－基本知识 Ⅳ.①TS974.1

中国版本图书馆CIP数据核字（2021）第207228号

责任编辑：赵英华　　　　　　　特约编辑：田学清
印　　刷：北京利丰雅高长城印刷有限公司
装　　订：北京利丰雅高长城印刷有限公司
出版发行：电子工业出版社
　　　　　北京市海淀区万寿路173信箱　　　邮编：100036
开　　本：787×1092　　1/16　　印张：15.25　　字数：414.8千字
版　　次：2021年11月第1版
印　　次：2024年10月第9次印刷
定　　价：128.00元

凡所购买电子工业出版社图书有缺损问题，请向购买书店调换。若书店售缺，请与本社发行部联系，联系及邮购电话：（010）88254888，88258888。

质量投诉请发邮件至zlts@phei.com.cn，盗版侵权举报请发邮件至dbqq@phei.com.cn。

本书咨询联系方式：（010）88254161~88254167转1897。

读者服务

您在阅读本书的过程中如果遇到问题，可以关注"有艺"公众号，通过公众号中的"读者反馈"功能与我们取得联系。此外，通过关注"有艺"公众号，您还可以获取艺术教程、艺术素材、新书资讯、书单推荐、优惠活动等相关信息。

扫一扫关注"有艺"

投稿、团购合作：请发邮件至 art@phei.com.cn。

推荐语/

终于等到月晓的妆容绘制工具书出版了！本书不但包含了 BJD 的妆容绘制，还拓展了二次元正比人形与二次元 Q 版人形的妆容教学，是一本集实用与通用为一体的面妆教程。本书内容图解清晰，教学全面细致，对于喜欢 BJD 与人形手办制作的人来说是非常好的指导书。

——软陶艺术家 阿染

可动人形热潮的本质，其实是人们对于自我意识的表达需求。如何通过人偶这个载体去塑造世界上的"另一个自己"成了当代最热门的话题之一。月晓多年沉浸在人偶世界中，制作与创造人偶的美学技法达到了精湛的程度。难能可贵的是，她将那些我们看上去"不可触碰"的神秘技术"翻译"成了一种简单的方法，娓娓道来，让更多人可以跨进这片奇妙的领域。

——御座的黄山

这本书不仅让大家学会了 BJD 上妆技法，而且让大家参加了一场特别惊艳的视觉盛宴。

——歪瓜出品 胡栎伟

这是一本实用性极高的工具书，同时又是一场体现了月晓的独特审美、向大众展示了一个天马行空的小世界的美学盛宴。相信大家能从中挖掘 BJD 这种小众艺术的独特魅力。

——人形师 Koji

从整体到细节，从技术到审美，本书基于月晓对美的深刻理解，对人偶造型美学进行了全面翔实、有趣易懂的阐释。它是初级爱好者入门的佳选，也是值得资深娃友收藏的佳作。

——BJD 自由摄影师 / 后期艺术家 U_攸燃

这是一部介绍 BJD 文化的读物，具有相当高的实用性，对于入门爱好者来讲是一本思路清晰明了的"教程"。与此同时，整本书传达出的对于小众手工艺术义化的深挖探究精神值得每一位读者细细品味。我认为，从爱好入门到自我创作，是一个非常美妙的过程。

——COSER 花梨泽 _karin_sawa

第一次看到月晓绘制的妆容就被惊艳到了，找她要了授权做了一个真人妆容，从而和她相识。她绘制的妆容充满想象力，造型神秘、华丽。这本书不但是爱好者实用的"工具书"，也是我们可以学习妆容造型及寻找灵感的书。相信大家可以从这本书中找到自己需要的内容。

——摄影师 松溪大曲

月晓的妆容作品经常运用细腻的线条和材料作为点缀，颇有巧思，能给 BJD 的整体效果增色不少。本书图解清晰易懂，值得一读。

——时鱻

这是一本非常全面的讲解 BJD 妆容绘制的教程，是我一定要入手收藏的好书。在写书的时候，我发现要把制作中的每个细节都掰碎、有条理地讲透彻很难，但月晓做到了。相信你也能被书里面满满的干货和精美的图片深深吸引。

——道具师 辛巴 Symba

我特别喜欢这本书，详细、全面的妆容教程使我的涂装技术得到全面提升。当你仔细阅读并理解书中内容后，会发现学会的方法甚至适用于粘土、面塑、软陶、糖艺和手办。

——吉吉捏塑

前言
Preface

　　第一次接触 BJD 是我刚上大学那会儿。那次我去学姐家玩，在她家见到 BJD，顿时被惊艳了，觉得很漂亮、很精致，还可以按照自己的喜好去打扮。于是我也去买了一个，从此沉迷其中，无法自拔。

　　那个时候我的主要精力还在真人 COSPLAY 上。用尽心力去还原心中喜爱的角色，忙于研究妆造，制作衣服和道具，琢磨每一个动作、眼神，钻研布光等，这一切都让我感到满足而快乐。

　　而在玩 BJD 的同时，也会映射自己的 COS 爱好在 BJD 身上，我为它们量身定制衣服造型，学习在 BJD 的脸上化妆，尝试让它们也去 COS 心中的角色，并且发现相比真人的限制（如身高、五官），拥有超凡外貌的 BJD 们才是更适合 COS 的载体。通过对它们的装扮，可以超越真人的限制，更能创造性地还原那些角色，真正将我的幻想世界代入现实中。它们可以是有角的仙灵仙女，可以是江湖豪侠，可以是有不为人知的一面的贵公子，甚至可以是有着兽头的半妖，或是对月流珠的鲛人。

　　于是，我逐渐专注于 BJD 领域。对我而言，这是对 COSPLAY 爱好的延续和更合适的创作方式。和伙伴们扛着单反在户外带 BJD 拍照，与过去真人 COS 外拍的乐趣相比只多不少。

　　过去在 COS 领域的积累，在 BJD 上也得到了更深入的发挥。我为不同尺寸的 BJD 量体裁衣，深入研究刺绣、在树脂上的妆容技巧，以及模型和雕塑。在我心中，BJD 是有生命的灵，需要我们用自己的双手和想象力将它们呈现于世间，带给世间一份幻想中的美。

　　我想要分享自己在玩 BJD 过程中的积累和成长，希望可以帮助到一些感兴趣的、想要成为 BJD 妆师的小伙伴，这便是写本书的初衷。希望各位喜欢或者初次接触 BJD 的朋友，可以通过学习对妆容的绘制体会到更深层次的、独属于创作者的快乐。

　　成妆不易，成长过程中必然会付出辛苦，但是只要心中有爱，坚持到最后，所获得的幸福是世间最甜美的馈赠。

　　感谢过去一路上支持我、鼓励我的伙伴们，感谢写书过程中指导我的编辑老师，以及提供软陶作品素材支援的阿染老师。由于经验问题，本书难免有一些纰漏和不足，希望大家可以包容和指正。此外，我更希望通过此书与同好们交流技术心得，让 BJD 走入更多人的视野，让大众领略 BJD 之美。

神之月晓

目录

Contents

061

第 5 章
BJD 局部妆容画法

113

第 6 章
花纹的设计与绘制

131

第 7 章
BJD 妆容绘制案例

201

第 9 章
二次元正比及 Q 版人形妆容绘制案例

183

第 8 章
二次元人形通用妆容

221

第 10 章
身体上妆技法

第 **1** 章

进入人形玩偶世界

BJD 的妆容特点和练习方向 ｜ 二次元妆容特点和练习方向 ｜ 妆容绘制基本流程

BJD 为 Ball-jointed Doll 的英文首字母缩写，中文意思为"球形关节人偶"。现在通常所说的 BJD 指使用球形关节，身体各部件以皮筋、S 钩等进行连接，使关节可以灵活活动，从而达到高度可动性的人偶。材质多为树脂、陶瓷等。

BJD 可更换眼球、妆容、假发、服饰等，适合各类造型，可塑性极强。

本书中的 BJD 特指面部形象、五官结构更接近真人，眼眶处进行镂空处理（可放入眼球），以树脂、陶瓷、进口塑料等为主材料的球形关节人偶。由于 BJD 的素体模型十分接近真人，因此在妆容、服饰、发型等方面，通常会以偏真人风的审美来进行设计和创作。

本书中的 BJD 妆容绘制技法也基本适用于所有面部特征接近真人的娃娃或手办等。

妆容绘制技法应用在真人风的软陶人形中

　　BJD 妆容的最大特点是偏向于"真人化"，所以在绘制妆容时，需注意以下要点。

● 加强五官的塑造：通过不同绘制技法增强五官的真实感，着重刻画眉、眼和唇部的细节。

● 注重底妆的质感及细节：越接近真人越需要绘制出肌肤质地、纹理等。

对于没有绘画基础的初学者而言，绘制 BJD 妆容是需要进行大量的临摹和练习的。对于有绘画基础的人而言，也需要在大量绘制妆容的过程中寻求技术进步和加大艺术创作力度。

可以通过参考真人的写真、油画、厚涂插画、游戏 CG、电影妆容造型和真人美妆视频等来提升自己的审美水平，同时从中汲取灵感。最简单的方法就是选取自己感兴趣的内容，先进行临摹，仔细研究如何将真人的妆容转化为人偶的妆容，然后总结真人妆容和人偶妆容的共性及特点，最终找到适合自己的绘画方法。例如，真人的高光眼影在人偶妆容中用闪粉来表达，真人唇釉用光油来表达等。

学习、临摹、练习、总结得越多，越能找到自己的风格，而不是单纯地套用现有的绘画公式来限制自己的成长和创作。每当经过尝试而得出不同的细节表现方法或者搭配不同材质运用后，都会产生不同效果的 BJD 妆容，这才是绘制和创作 BJD 妆容的真正乐趣。

　　本书中的二次元人形主要是以面部形象来区别的，指面部更接近动画、漫画风格的人偶，可参考日系手办、DD（由日本娃社 Volks 推出）和黏土人（由日本人形制造公司 Good Smile Company 推出）。当然，大部分以二次元人形为蓝本，玩家自制的软陶、轻黏土人形，只要符合上述特征，也可以称为二次元人形。

　　所以，本书中二次元妆容的绘制技法，也基本适用于所有面部特征平面化的娃娃或手办等。

　　无论是正常比例的还是 Q 版的二次元脸壳，在制作原型时都会尽量接近动画、漫画、插画中的人物形象。所以，二次元妆容的特点是尽量模仿动画、漫画、插画的用色和笔法，着重绘制眉、眼及唇部形状。尤其需要观察不同类别的二次元人物在画风上的细节差别。例如，动画风的色块感和漫画风的手绘感对应的是截然不同的画法。

　　同时，由于大部分二次元人形素体不开眼眶，不可替换眼球，因此需要在脸壳上绘制整个眼睛部分，即眼眶和眼球的所有细节。不同的眉眼画法，是二次元妆容至关重要的部分。

　　同 BJD 妆容一样，也要通过参考各类动画、漫画、Q 版动画、插画作品、游戏来进行临摹和练习。建议先观察不同的二次元人形特征，尤其是眉眼部分的画风，然后在纸上进行平面绘画临摹练习，最后在二次元脸壳上进行妆容绘制，这样会在很大程度上减小失败率。

1.3 妆容绘制基本流程

对于初学者而言，首先要了解妆容绘制的基本流程。

在上妆前必须做好基本防护，因为部分上妆材料具有毒性。

妆容绘制包含以下几个基本步骤。

01 观察头模/脸壳表面：仔细检查表面是否有污渍或灰尘、卸妆未卸干净、做工有瑕疵等情况。如果有污渍或灰尘，可用水冲洗或使用擦擦克林蘸水轻轻擦拭除去。如果有卸妆未卸干净的情况，少量残留物可使用 75% 酒精棉片进行擦拭；如果残留物较多，尤其是眼角、唇缝等处，建议重新卸妆。如果做工有瑕疵，可找专人修复或更换。

02 上底妆：在上妆前，必须在头模/脸壳上喷消光保护漆，对其表面材料进行防护隔离。

03 设计妆容：根据不同的要求和设定，在绘制前需要先查找参考资料，对妆容进行构思和设计。

04 上妆：使用不同的绘画和装饰工具，给头模/脸壳绘制妆容。

05 定妆：在上妆过程中，每上一层新的妆容，都要喷消光保护漆进行定妆；在整体妆容全部完成后也需要喷消光保护漆，以达到长久保护妆容的效果。

06 卸妆：在每次给头模/脸壳更换新的妆容之前，都需要用专用的卸妆材料及工具将头模/脸壳上原有的妆容清洁干净。

小贴士

如果表面不平整，那么在上妆时会出现卡色粉的情况。

头模/脸壳表面有细微瑕疵，如极小的不平整、划痕、凸起或有手工打磨痕迹，可自行处理——使用 1200~1500 目的砂纸小范围轻轻打磨，然后使用化妆棉片进行抛光，直到平整为止。

第 **2** 章

妆容绘制工具详解

2.1 上妆前的准备与防护工具

"工欲善其事，必先利其器。"在正式学习妆容绘制之前，需要熟悉对应的工具特性及功能。本书结合上妆的流程，将常用工具的特性、用途及使用方法进行了总结，为读者选择工具提供一定的参考。

喷漆箱

无论是密闭式、抽气式的喷漆箱，还是水帘式的喷漆箱，只要不是在空旷通风的场地上妆，那么在使用油性消光保护漆等具有毒性的产品时，就必须使用喷漆箱进行防护，以免吸入有毒粉尘。

3M 防毒面具

可单独使用，更推荐搭配喷漆箱一同使用，这样能最大限度地过滤有毒物质。请务必选择有过滤芯的工业级防毒面具，并定期更换过滤芯。

防尘口罩

在使用色粉或者闪粉类的粉尘材料时佩戴。

丁腈手套

可隔离手汗或灰尘等，也可在接触有毒性的产品时起保护作用，其他材质的手套容易被稀释剂等腐蚀。

圆头棉签 / 尖头棉签

可用于晕染或及时擦拭错误线条，尖头棉签更适合擦拭唇缝、眼角等细节处。

擦擦克林

蘸水可擦除各类粉尘及污渍；蘸取稀释剂或除漆剂可快速给头模 / 脸壳卸妆；干用可匀化色粉。

小贴士

使用前，可将大块擦擦克林切成 2cm×2cm 左右的小块，这样更方便使用和对头模 / 脸壳进行局部清洁。蘸过水的擦擦克林干透后可重复使用。

2.2 底妆/定妆工具

当下最为常见的底妆及定妆工具，根据材质特性可分为消光保护漆和丙烯罩光剂两大类。其中，消光保护漆又分为油性消光保护漆和水性消光保护漆。市场上的同类产品品种繁多，且在使用方法和效果上各有优劣，所以此处总结了几款常用的产品。

当然，根据实际情况，建议多进行尝试和对比，选择最适合自己的产品。

2.2.1 油性消光保护漆

郡士 B-523 超级消光保护漆。

优点

- 喷罐式方便操作。
- 唯一有抗紫外线功能的消光保护漆，可同时抗直射阳光和室内荧光灯紫外线，有效减缓模型黄化和褪色速度。

缺点

- 有毒性，需要良好的通风环境或者佩戴 3M 防毒面具操作。
- 颗粒感重，表面平滑度一般。
- 受温度、湿度等影响较大，喷在模型表面上干透后漆面可能会出现泛白、裂开等情况，所以务必选择在干燥、晴朗的天气进行操作。

郡士 B-530 超级平滑消光保护漆。

优点

- 喷罐式方便操作。
- 颗粒感比郡士 B-523 小，表面更平滑，且新配方有效减少了漆面干透后的泛白情况。

缺点

- 有毒性，需要良好的通风环境或者佩戴 3M 防毒面具操作。
- 没有抗紫外线的功能（推荐搭配郡士 B-523 一起使用）。

2.2.2 水性消光保护漆

基本上，所有水性消光保护漆的毒性都小于油性消光保护漆，甚至有些水性消光保护漆在更新过配方后可以达到无毒的程度。但是从固色持久力和色彩鲜艳程度上来说，水性消光保护漆确实比油性消光保护漆差许多。所以，我不推荐任何旧版本的水性消光保护漆。

随着近年来郡士公司的不断研发，最新一代水性消光保护漆脱颖而出。

其保护及固色能力和油性消光保护漆效果差不多，并且可以与油性溶剂混用，可以说是毒性较大的油性消光保护漆很好的替代品。

郡士 B-603 新水性消光保护漆。

优点

● 喷罐式方便操作。

● 颗粒感极小，干后的漆面细腻，平滑程度极高，超过所有油性消光保护漆。

● 不受温度、湿度影响，尚未发现泛白等情况。

● 可与油性消光保护漆或者其他油性溶剂叠加使用，不会被油性溶剂溶解。

缺点

● 比油性消光保护漆干得慢。

● 没有抗紫外线功能（推荐搭配郡士 B-523 一起使用）。

● 价格较高，同样容量的新水性消光保护漆是油性消光保护漆价格的两倍。

2.2.3 丙烯罩光剂

丙烯罩光剂是在绘画作品中经常用到的给完成的画作表面进行封层保护和固色的保护剂。丙烯罩光剂有很多不同光泽的产品，可以互相混合达到个人满意的光泽度。

推荐品牌：高登 7720 丙烯亚光罩光剂或丽唯特亚光丙烯罩光剂。

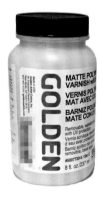

优点

● 细腻程度和油性消光保护漆相仿，保护程度和硬度低于油性消光保护漆。

● 不受温度及湿度影响，不会产生泛白、开裂等情况。

● 可与消光保护漆叠加使用。

● 计量大，性价比高。

● 部分产品含紫外线安定剂，抗紫外线，具有延缓模型黄化和褪色的作用。

缺点

- 干燥速度比油性消光保护漆和水性消光保护漆都慢。

- 操作难度较高，尤其在中间层定妆时，必须稀释溶剂，并使用喷笔喷涂，使用其他方法会将色粉或水溶性颜料蹭掉或晕染模糊。但稀释的溶剂容易堵塞喷笔。

- 只可用于水性画材，不可用于油性画材，对于油性画材的黏着力很低。

- 溶剂配比不合适则容易出现脱妆、起泡或者直接撕下块状薄膜等情况，需要耐心调配合适的比例。

2.3 底妆/定妆工具的使用方法

消光保护漆和丙烯罩光剂的使用方法相差甚远，主要原因在于，消光保护漆多为喷罐式，只要掌握正确的喷涂方法即可，而丙烯罩光剂则需要搭配手法或使用喷笔，需要进行练习。对于初学者而言，消光保护漆比丙烯罩光剂更容易上手。

2.3.1 消光保护漆的使用方法

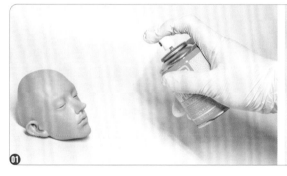

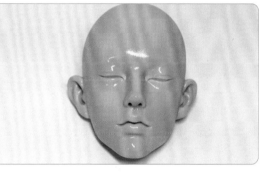

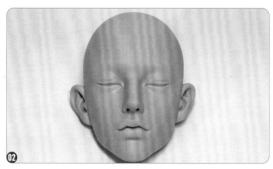

01 将消光保护漆上下摇匀（半分钟左右）。手持喷罐，距离被喷模型表面约 20cm，在单一方向上或以 Z 字形喷扫至模型表面湿润即可。此时，模型表面会形成一层油光感，简称"成膜"，成膜后的消光保护漆才有保护作用。

02 等消光保护漆完全干透后，模型表面呈雾面亚光效果。

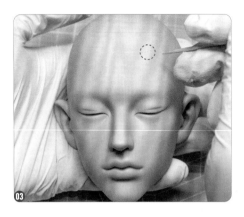

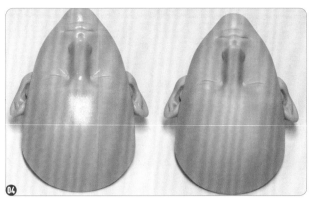

03 仔细检查是否有落灰，有则用牙签或针等挑出。

04 将模型变换角度，继续喷涂第 2 层。等消光保护漆干透后检查是否有落灰，有则清理干净。

───────────────── 小贴士 ─────────────────

水性消光保护漆比油性消光保护漆干得慢，必须等全部干透，否则触摸后会留下指纹。

喷涂参考：底妆 1~2 层，中间定妆每次 1 层，最终定妆 1~2 层，闪粉类薄喷 1 层（不用成膜）。

2.3.2 丙烯罩光剂的使用方法 视频

　　本节以高登丙烯罩光剂为范例，其他品牌的丙烯罩光剂需先向官方询问对应的稀释剂，再进行稀释比例的尝试，找到最好的调配比例进行上妆。

1. 喷笔涂装高登丙烯罩光剂的方法 视频

视频

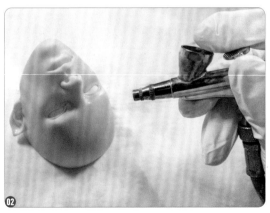

01 以 2：1 的比例将丙烯罩光剂和水进行稀释后倒入一次性杯子中，需要循环使用的可以装入密封瓶内。使用前将溶剂摇匀，取适量溶剂倒入喷笔。

02 距离模型 20cm，以 Z 字形均匀喷涂。期间可变换模型角度，将表面全部喷涂均匀至湿润。

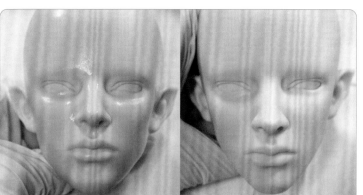

03　喷涂湿润　　　　　　　干透后的雾面效果

小贴士

喷涂参考：底妆 1~2 层，中间定妆每次 1 层，最终定妆 1~2 层。实际使用量需要按照个人情况进行尝试和变化。注意定妆不能喷太多层，叠加太厚会影响妆容的清晰度。

03　在干燥环境下自然风干 30 分钟至 1 小时不等，有烘干设备的每层 20~30 分钟。由于不同地区的湿度和温度不同，以表面完全干透呈现亚光状态为准。干透后，仔细检查是否有落灰，有则用牙签或针等挑出。等全部清理干净后，继续喷涂第 2 层。

2. 化妆海绵涂装高登丙烯罩光剂的方法

01 - 03

此方法仅限上底妆使用，在之后的上妆过程中，只要涂抹过色粉或水性颜料，就必须喷消光保护漆定妆。化妆海绵按压的方法会完全破坏消光保护漆和水性颜料。

01　用化妆海绵蘸取丙烯罩光剂，在头模／脸壳上均匀按压铺开，注意面部凹陷处也要按压，多次重复直至表面全部按压均匀湿润。

02　在干燥环境下自然风干 15~20 分钟，有烘干设备的每层 5~10 分钟。由于每个地区的湿度和温度不同，以表面完全干透呈现亚光状态为准。干透后，仔细检查是否有落灰，有则用牙签或针等挑出。

03　再次蘸取适量丙烯罩光剂，以同样的方式按压第 2 层，等干透后检查并清理落灰。

视频

除漆剂

卸妆较快，无色，有少许异味，几乎无毒，挥发较慢，可以卸所有的画材胶水等，是最推荐的卸妆工具。卸妆擦干后可用水冲洗或用 75% 酒精棉片擦拭干净。除漆剂用水清洗，干透后残留的部分会泛白，可继续使用 75% 酒精棉片擦拭干净。

温莎·牛顿洗笔液（进口）

卸妆较慢，无色无味无毒，几乎不挥发，比较适合卸水性画材胶水，尤其是卸丙烯罩光剂。对于油性画材胶水等，需要浸泡较长时间，且搭配其他卸妆工具，多次重复卸妆。

稀释液

卸妆快，挥发快，毒性大，除非有完备的防毒措施，否则不推荐使用。可以卸所有的画材胶水等，卸完擦干后需要用水冲洗或者用 75% 酒精棉片擦净。等模型完全干透后，需仔细观察其表面是否有稀释液残留，残留部分会泛白，可继续用 75% 酒精棉片擦拭干净。

75% 酒精棉片

可用于清理模型表面的污渍灰尘或残留的稀释液痕迹；如果是软陶类材质，可直接用于卸妆（但是不能接触过久，否则会溶解软陶材料）。

超声波清洗机（非必选）

加入清水，通过超声波高频震动对模型进行深度清洗，尤其适合清理唇缝、眼角等较难清理的死角部分。注意超声波清洗机的尺寸，以能放下整个去除后脑勺的头模为准。

各类牙线

卸妆时，主要用于清理唇缝和眼角的残留妆容。推荐鱼骨牙线，用带有鱼骨毛刷的一面以旋转的手法深入清理，可以非常快地清理出各种缝隙里的残留物。

卸妆具体流程如下。

工具准备：除漆剂、擦擦克林、棉签、牙签、牙刷、超声波清洗机。

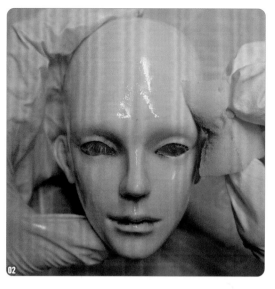

01 将擦擦克林切成小块，蘸取适量的除漆剂，先涂抹整个头模表面，注意面部的凹陷处也要涂抹到，放置1~2分钟。

02 用蘸有除漆剂的擦擦克林来回擦拭有妆容的部分，将整个妆容大致擦一遍。

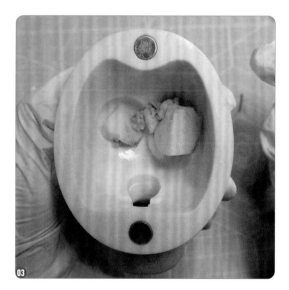

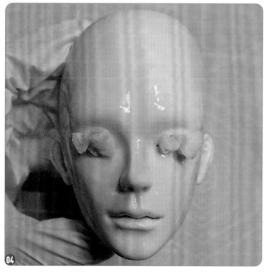

03 开眼眶的头模，反面的眼眶内也需要涂抹除漆剂。将蘸有稀释液的擦擦克林塞入头模眼眶内溶解贴睫毛的胶水，放置1~2分钟。不同胶水的溶解时间不同，如果发现没有溶解，可以多放一会儿。

04 用一块新的擦擦克林蘸取适量除漆剂，将整个头模的表面和内部大致擦一下。然后将擦擦克林分成两块，从正面塞进眼眶内，注意擦擦克林和眼眶接触的部分都要有除漆剂——这样才能溶解眼眶内的胶水。

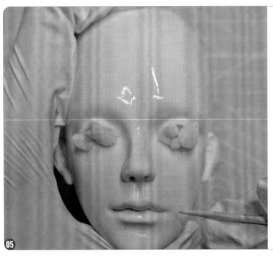
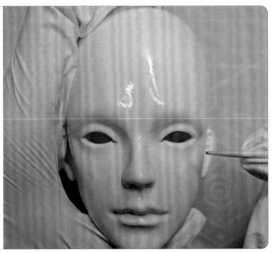

05 对于眼角、唇缝等比较难卸的部分，可以先用尖头棉签蘸取适量的除漆剂，使除漆剂渗到缝隙里，等待1~2分钟，用尖头棉签戳进眼角和唇缝缝隙中，以旋转的手法进行擦拭。

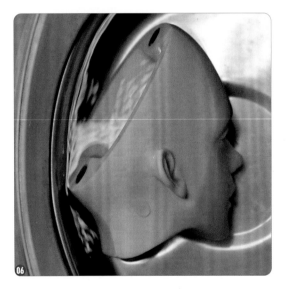

06 缝隙最深的部分如果清理不到，可以用牙签或者牙刷蘸取适量的除漆剂，使除漆剂渗到缝里，等待1~2分钟，用牙签轻轻来回刮或用牙刷轻轻刷。然后将头模放入超声波清洗机中，把剩余的残留物全部清洁干净。

07 等完全干透后，检查头模表面是否有残留物，如果有颜料类的残留物可以重复步骤05和06，直到完全卸干净为止。如果只有白色消光保护漆或除漆剂残留物，可以先用少量除漆剂擦除残留物，再用酒精棉片擦拭一遍。干透后注意检查是否还有白色残留物，如果有重复上述步骤直到擦干净为止。

───────────────《 小贴士 》───────────────

特殊肌理不可以使用酒精卸妆，应尽量使用除漆剂。卸妆产品不可停留过久或者擦拭太用力，否则会出现发白的情况。

2.5 主流上妆工具

以下归类的工具及颜料等都是在化妆过程中常用的，除此以外，还有许多其他工具可以进行尝试和选择，只要在练习过程中找到最适合自己的即可。

2.5.1 笔类 视频

不同的部位需要不同粗细的笔上色。

1. 美甲拉线笔（后简称拉线笔）

有 3 种笔头长度，分别是 0.6cm、0.9 cm 和 1.1 cm，可用来画出不同长度和细度的线条。

● 0.6 cm 笔头：适合绘制唇纹、下睫毛、胡须、毛发和短线条花纹等。

● 0.9 cm 笔头：适合绘制眉毛、下睫毛和高光细节线等。

● 1.1 cm 笔头：适合绘制长眼线、扇形睫毛，以及比较长且细的拉线形花纹，如裂纹和水纹等。

2. 面相笔（榭得堂 00000 号 ~3 号）

面相笔的笔头长度小于拉线笔，有 7 种粗细可选择。

● 00000 号为最小号，常用于绘制面部细节线条，尤其适合小尺寸 BJD 头模和二次元脸壳。短锋笔头绘制线条更灵活，更适合绘制文身类具象化的图案。

3. 一次性勾线笔

● 价格便宜，笔头相对粗糙，不适合绘制精细线条，可专用于给颜料调色（避免使用拉线笔或者榭得堂 00000 号直接调色而损伤笔锋），还可用于小范围涂抹色粉或珠光粉。

● 在使用油性漆、油性光油或胶水等不便于清洗的产品时，可免去复杂的清洗步骤，用完扔掉即可。

4. 喷笔和气泵 `视频`

视频

● 传统喷笔和气泵：喷笔有 0.2~0.5mm 的喷嘴口径，数值越小颗粒越细腻，需要搭配气泵使用，主要喷涂模型漆，常用来喷绘均匀的颜色或渐变色。

要注意的是，模型漆需提前和模型漆稀释液进行稀释（一般比例是模型漆：稀释剂 =1 ： 2 或者 1 ： 3），不稀释就放入喷笔会出现过于浓稠无法喷出的情况。在使用喷笔上色前需要在白纸上进行测试，确认色彩正确及喷笔喷涂顺利后再在模型上进行喷涂。

● 便携手持式喷笔和气泵：有 0.3mm 和 0.5mm 的喷嘴口径，采用一体式气泵和喷笔结构，相对传统式的更轻巧便捷，可以调节压力和充电，适合小范围喷涂。

> **小贴士**
>
> 每次使用完喷笔后都要及时清理喷笔，尤其是喷笔针的部分，以免堵塞影响下次使用。

2.5.2　刷类

刷类的选择很多，根据想要使用的面积来选择对应的刷头长度是最简单的方法。

1. 腮红刷

用于大面积画阴影、腮红，或者扫去头模 / 脸壳上多余的色粉、灰尘等。

2. 圆头晕染刷

适用于加强骨相结构阴影，画高光、腮红及制作面部肌理等。

11mm

3. 圆扁头细节刷

适用于局部精准上色，适合加强局部阴影、眼窝、晕染眼影，以及加强眉弓、鼻侧影、卧蚕和下唇投影等。

4. 舌形刷

用于精准加深局部阴影，适合填补唇缝、双眼皮褶皱，以及刷出鼻底结构阴影、卧蚕轮廓和眼角高光等。

5. 斜角平头刷

可用于刷出眉形的大致走向及填充眉毛等，同样适用于填补唇缝、双眼皮、眼角等凹陷的部分。

6. 美甲平头刷

用于准确绘制轮廓，可以在精准的区域内进行色彩填充。

7. 自制笔刷

根据不同的模型大小及对应的结构自制笔刷，可弯折笔刷头、修剪笔刷的长度及形状等，只要能达到想要的效果。

2.5.3　上色工具

上色工具不限，多尝试不同画材，找到适合自己的工具。

1. 水彩颜料（透明水彩）和水粉颜料（不透明水彩）

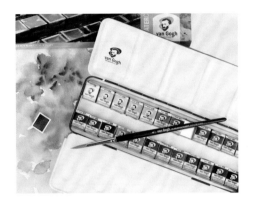

● 可用水稀释，也可用水修改擦除，区别在于水彩颜料通透度更高，水粉颜料质地较厚。适用于绘制线条、填充色块。

● 推荐品牌：伦勃朗、温莎·牛顿、梵高等。

2. 水溶性铅笔

● 可直接绘制线条，线条较粗糙、有颗粒感，也可加水晕染画出类似水彩的效果。可用水擦除或修改，适用于打草稿、绘制肌理、做小的填补和修改。

● 推荐品牌：辉柏嘉、三菱、施德楼等。

3. 自动铅笔及笔芯

● 用于绘制细节草稿，绘制出的线条比水溶性铅笔精细。使用时不要太过用力，轻轻绘制于模型表面即可，可以用擦擦克林蘸水擦除，搭配颜色较浅的笔芯为佳。

4. 丙烯颜料

- 可以用水稀释，但建议搭配丙烯调和液，这样比用水稀释更易上色，且颜色更为艳丽明快，线条更顺畅细腻。干后不溶于水，可以用擦擦克林蘸水轻轻擦除。
- 推荐品牌：丽唯特、温莎·牛顿、高登等。

> **小贴士**
>
> 金属色、夜光等特殊质地的丙烯颜料，在用丙烯调和液稀释后，质地比普通丙烯颜料更为浓稠，绘制出的线条无法像普通丙烯颜料、水彩颜料一样细腻。

5. 色粉

- 搭配笔刷进行晕染，可绘制面部肤色、肌理、彩妆眼影、唇色和文身等。
- 推荐品牌：盟友、辉柏嘉、申内利尔、史明克等。

6. 珠光粉 / 闪粉 / 极光粉 / 金葱粉等

- 这些是在光的照射下会反光或者折射不同色彩的粉质材料，有许多品类。不同粉的细腻程度、颗粒感和形状等都有所不同，可混搭运用，尤其适合点缀高光及眼影、制作面部特殊效果和闪光感等。

7. 油性模型漆

- 颜色艳丽，不易掉色，有刺激性气味，有毒性，需佩戴防护工具进行操作，不可用水擦除或修改。有专配的油性模型漆稀释液，不可用水、水性稀释剂进行稀释。使用后需立刻密封，否则表面会凝结一层膜状物质，需要去除后再使用。不可反复涂抹，会溶解下层妆容。一般在稀释后搭配喷笔进行大面积涂装。

8. 水性模型漆

● 颜色饱和度和持久性都低于油性模型漆，有少许异味，基本无毒；可用水或专用的水性稀释剂进行稀释，可以用擦擦克林蘸水轻轻擦除，使用过的笔未干时可以用水清洗；黏度低，不会溶解下层妆容，也可搭配喷笔进行大面积涂装。

9. 光油（透明色模型漆）

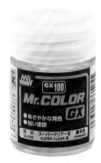

光油分为油性光油和水性光油两种。

● 油性光油和所有油性模型漆特征一致，较黏稠，光泽度高，固色持久，适合小范围绘制下眼睑、立体唇纹和眼泪等部分。

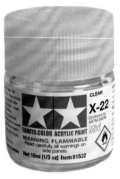

● 水性光油和所有水性模型漆特征一致，比油性光油薄透，干透后光泽度降低，适合点缀眼皮高光、制作唇彩效果等。

10. 喷罐式模型漆

● 适合进行粗略的大面积涂装，无法进行精细化涂装，比较适合喷涂配件类模型的底色、制作模型表面的金属光泽等。

2.5.4　特殊肌理及装饰材料

1. 肌理凝胶

● 较常见的是高登肌理凝胶，分为薄胶和厚胶。薄胶质地较为轻薄细腻，适合制作细腻的皮肤毛孔肌理；厚胶更稠且可塑性强，半亚光质地，可以制作立体伤口、伤疤、烧伤效果等特殊皮肤肌理。肌理凝胶干透后依然有一定黏性，且操作过程中容易沾染灰尘，需搭配消光保护漆使用。

2. 油画肌理膏、丙烯塑形膏

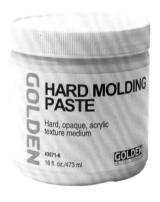

● 制作裂痕、伤疤、伤口、烧伤效果、天然干纹等特殊肌理，干透后质感和树脂材质相仿，较硬。

3. 真人用假睫毛

● 在基本妆容完成后，可在头模眼眶处贴上修剪过的真人用假睫毛，使整个妆容效果更为逼真，增加其细节性和完成度。选择假睫毛时，不要选择过分浓密的款式，推荐手工编织的自然款，其中两头短中间长的款式最适合。

4. 各类装饰材料

● 水钻、亮片、美甲饰品、干花、羽毛、金属或树脂装饰、文身水贴等，只要符合比例、能够用以点缀妆容的材料，都可以自由使用。

2.6 其他工具

UHU 胶

透明质地的黏合剂，干燥速度快，黏合非常牢固，可用于贴睫毛和装饰品等。用牙签或尖头棉签蘸取使用，使用过程会抽丝，可以转动牙签或棉签先把胶丝弄断再使用。

手工白乳胶

有许多颜色，最常用到的是乳白色质地和透明质地的，用牙签或尖头棉签蘸取使用。乳白色质地的胶水在干后会变透明，干燥速度较慢，干透后黏合非常牢固。建议涂抹到头模上后，等胶水干了再贴睫毛或装饰品，否则容易掉。推荐艾默思（牛头）、得力品牌。

尖头镊子

用于夹取微小的装饰品、睫毛等，在贴睫毛时起辅助作用。

细节剪

用于修剪假睫毛、文身贴、装饰材料等。

美纹胶带 / 遮盖带

　　辅助绘制直线、曲线、定位点、定位线等，对不需要着色的部分进行遮盖，确保图案的精准性、细节性和妆容的对称度。选择胶带时，推荐每个尺寸、直线型和曲线型都购买一份备用，也可以对其进行适当修剪，这样在遇到不同的图案细节时才能自由搭配，发挥最大作用。

软尺

　　用于测量长度或辅助绘制直线、定位点、定位线等，确保图案的精准性和妆容的对称度。

牙签

　　用于蘸取各种胶水，或者卸妆时辅助清理沟缝里的残留妆容。

牙刷

　　可用于卸妆时清理沟缝里的残留妆容，尽量选择细软毛的牙刷，也可在绘制妆容时搭配手法喷刷出面部肌理颗粒。

第 3 章

妆容绘制基础技法：点线面

点的基本应用　｜　线条的魅力　｜　面的重要性

3.1 点的基本应用

给头模化妆的原理，从本质上来说和在白纸上绘画是一样的，都是通过不同形状、强弱、变化的点、线、面进行组合和艺术创作。所以，化妆所使用到的基本工具及上妆技法和平面手绘十分相似，甚至可以通用。区别在于，头模有五官的凹凸或肌肉的弧度，上妆时会比平面绘画困难一些。在给头模化妆前，对于绘画技法的了解和大量的练习是必不可少的。

点相对于线、面是最容易在一开始绘制妆容时被忽略的，因为它不如后两者来得直观。但是，点是组成线和面的基础，不容小觑。

从古至今的书法、绘画、雕塑类艺术作品中都有许多对点的运用，如德国画家乔治·修拉的油画作品、曼陀罗图腾中点的排列点缀，还有直接使用沙子（材质为点）作画的艺术形式，如沙画等。

当然，在绘制妆容时，只需要掌握其基本用法，并不需要完全使用点作为单一的元素以达到上述艺术作品的程度。但是，通过对点的发散性使用，可以在很大程度上加强妆容的完成度和精致感。

定位点

主要用于确认眉毛、眼眶、文身等的位置，也能通过定位点更好地保证妆容的对称性。

面部点缀

常见的小的点有痣、雀斑、闪粉亮片等。常见的大的点有眉间朱砂、小珍珠或者小的点状面纹。

面部肌理

通过喷涂、叠加颜料，或者使用特殊的肌理膏，可以制作类似人类皮肤、毛孔、面部皮肤瑕疵的效果。

精细化图案

渲染文身、妆容，通过喷洒的白点或者闪粉等营造妆容的氛围感。

3.2 线条的魅力

　　线在绘画中是非常重要的，好的线条可以完美展现艺术家的绘画功底、流派、个性特点等。古今中外，许多大师单靠线的形态、粗细、深浅变化及不同的排列就能让一幅画作无须色彩点缀，成为一幅完美的艺术品。

唐代 吴道子《八十七神仙卷》局部

在给头模绘制妆容时对于线条的掌控也非常重要。妆容的整体视觉、灵感设计表达，以及妆师的个人特点都靠线条来表达。例如，细腻的线条使整个妆容看上去更为柔和精致，随性的线条可以增加妆容的灵动感，无序或多层次的线条可以增加野性和视觉冲击力。

对于有绘画功底的人而言，绘制妆容线条并不困难，只需要多加练习，适应在头模曲面上绘制线条的感觉即可；对于初学者而言，线条是唯一需要先在平面上进行练习的部分。

对于一个妆容而言，绘制出好的线条已经成功了一半，所以请务必耐心练习，力求每根线条都能画到完美。

3.2.1 线的基本应用

定位线 / 辅助线

通过连接不同的定位点，绘制定位线 / 辅助线，可以更好地确保妆容的对称度和绘制图案的精准性。

主线条

主线条是表达五官、毛发、文身等位置的主要结构性线条，如绘制眉毛、下睫毛、唇纹、胡须、双眼皮等。

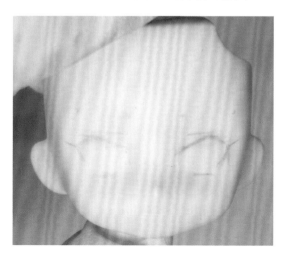

细节线条

细节线条一般为丰富主线条而存在，可以是单独增加细节感的细节线条和高光线条，也可以是用来强化主线条的加深线条，主要用途是增加妆容的层次感和细节完成度。

装饰线条

装饰线条一般为金属线、光油线、闪粉线等，通过不同材质的混合搭配，整体上的少量运用，使妆容创作的质感更为饱满且富于变化。

3.2.2 定位点 / 定位线的应用

在了解了定位点和定位线的基本作用后，下一步就是如何使用它们校准妆容的"对称性"。由于头模面部具有弧度，直接目测会出现一定偏差，通过合适的工具来辅助是一个很好的方法。在遇到需要绘制对称图案的时候，先找到对称轴，然后通过定位点和定位线，借助工具进行测量和绘制，基本可以达到完全对称的理想效果。其他部位的应用以此类推即可。

在之后的章节中，对于眉毛（5.2节）、对称花纹（6.3节）、二次元五官定位（8.3节）有具体的应用示范及详细方法，在此不再赘述。

3.2.3 线的把握及练习方法

1. 基本线条训练

01 在一张纸上，用拉线笔或面相笔进行线条练习，注意落笔力度为开头轻、中间重、收尾轻，这样画出的线条两头尖细、中间饱满，是适合妆容绘制的线条。尽量练习绘制弧线，因为妆容中用得最多的就是弧线。

02 尝试绘制由粗到细的线条，感受绘制最细的线条时手部的力量，着重练习绘制最细的线条。熟练后，可以在练妆头上进行线条绘制练习。

小贴士

使用拉线笔笔头侧锋画出的线条会比使用笔尖画出来的线条更细、更顺畅，而面相笔则相反。

小贴士

为了画出更细的线条，可以适当修剪笔锋，方法是从毛的根部剪掉 1/3 或者一半的毛量，注意不要修剪过度，以免出现无法吸取颜料或不易着色的情况。

---

2. 线条的承接与补笔

一条平顺的线条有时候并非一次成形的。线条的承接是指当一条线断开后，绘制的下一笔不会有明显的衔接痕迹，绘制完成后整条线仿佛一笔画成的。线条的补笔指当线条不平顺时，需要通过补全线条的外轮廓，让整条线看上去符合两头尖中间饱满的特性。

补笔的方法是在需要补笔的线条的末端向前 1/3 处，轻轻落笔叠加第 2 根线条，使整组线条看上去呈现两头尖细、中间饱满的形状。

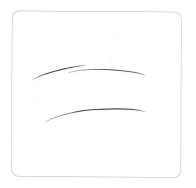

3. 线条的叠加

不同深浅的线条不一定要通过调色来实现。通过在线条上叠加线条，也可以加深颜色。要注意的是，单一线条叠加的每一笔都尽量不要超过原来那一笔的外轮廓。

面的重要性

人类生活在三维世界中，身边的一切立体事物都由面构成。在绘画中，面主要通过线条的叠加、点的堆积、色彩的填充、色彩浓度的变化来表现体积感。

在绘制妆容的过程中，由于面在头模雕塑的过程中已经完成，一个立体物件已经具备完整的面，无论是BJD头模抑或是二次元脸壳，都可以看作对人体结构进行提炼和美化的艺术品。所以，妆师要做的是用不同的方法来强化面的概念。通过在头模不同的面上大胆运用色彩晕染和色彩变化，让其面部更加立体，更能体现明暗、冷暖和质感变化等。

3.3.1 头部结构详解

要加强"面"的概念，并不是简单的公式化操作。在上妆前，需要了解一些基本的头部块面结构，因为头部骨骼从根本上决定了人的头部比例和五官的特征，也就是常说的"骨相"。

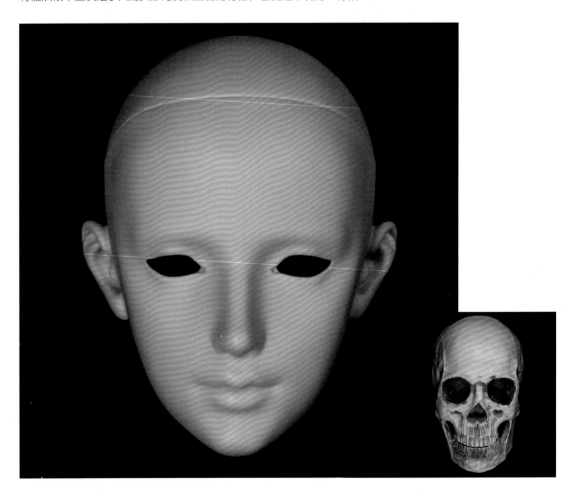

只有结合正确的骨骼节点，了解正确的肌肉走向和变化，才能在对应的部分进行加强和创作，这样的妆容才能达到视觉上自然逼真的程度，甚至改变五官在面部的视觉比例。

因此，了解头部块面结构是学习本节的关键突破点，在掌握了头部块面结构后，可以在给头模化妆的过程中很快找准阴影、高光、冷暖色对比等区域。

1. 头部块面结构

给头模化妆，不需要像素描、雕塑或医生那样了解得非常详细，只需要知道大致的块面划分和最常用到的骨骼节点即可。

为了帮助大家更直观地理解，此处将颅骨结构概括为简单的几何形体。注意和了解大块面的骨骼转向有助于绘制面部阴影和修容的部分。

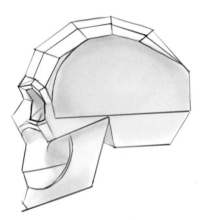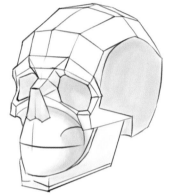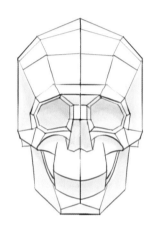

2. 主要头骨节点

头骨节点是指面部比较突出的骨骼结构部分，它们决定了人头部尤其是面部的外部轮廓特征，也就是俗话说的"骨相"。人长得好不好看，取决于其骨相特征。所以，无论是给人或是给娃娃化妆，最基本的一步就是在头骨节点上着重修饰和调整，找对节点，凹陷处加深、凸起处提亮，以达到事半功倍的效果，让头模迅速立体和自然起来，这样进行下一步才不会让整个妆容的线条显得突兀，而是像在白纸上作画一样。

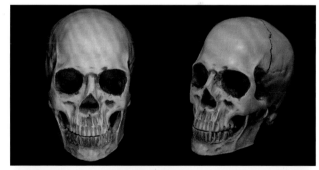

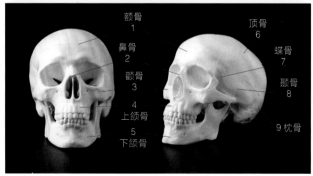

额骨 1
鼻骨 2
颧骨 3
4 上颌骨
5 下颌骨
顶骨 6
蝶骨 7
颞骨 8
9 枕骨

● 眉弓

眉弓是由额骨上方的眉嵴、中间平滑的眉间及眶上缘三大结构组成的突起。在绘制眉毛的时候，需要顺着眉弓的结构绘制，这样才能形成自然美观的眉毛。

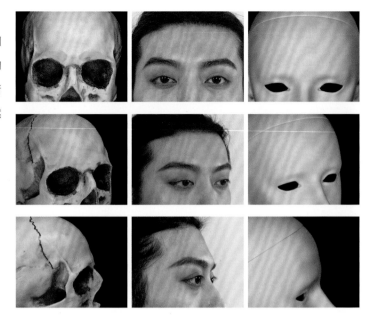

● 颧弓

颧弓位于颅面骨的两侧，向上弯斜，最直观可见的就是眼下的转折高光面，也是一般妆容中修饰腮红的部分。男性颧弓比较突出，女性和儿童颧弓平滑柔和，一般在颧弓高光面提亮，会让整个妆容看上去更有光感。

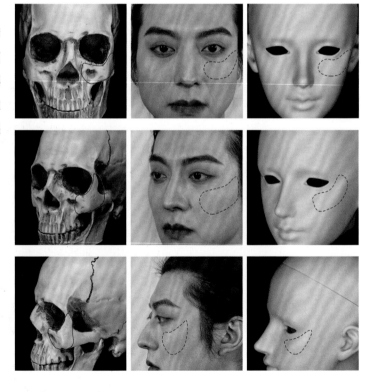

● 额结节

　　额头并不是一个光滑的面，而是有微妙的起伏。其中最主要的结构就是额骨上一到两个隆起形成的额结节，也就是俗称的额头"龙角"。其位于眉弓的上方，大小因人而异，在女性和青少年的头骨上尤为突出。因为一般头模额头面做得比较平整，所以一般在绘制妆容时会加深额结节中间的阴影部分。

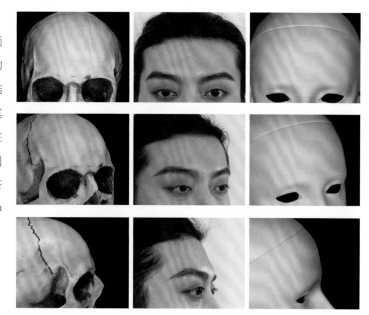

● 眼眶

　　眼眶不是单块骨骼，而是由多块骨骼的边缘拼接形成的，分为上、下、内、外4个部分。其中需要留意的分别是眶上缘与眶内侧缘连接处的凹陷，俗称"眼窝"（影响眼睛是否立体、深邃）；眉弓的末端，俗称"眉角"；眶下缘下面的凹陷结构——眶下窝，即"卧蚕"部分。

　　这些都是在绘制 BJD 眼妆时需要留意的结构，会在 5.3 节着重讲解。

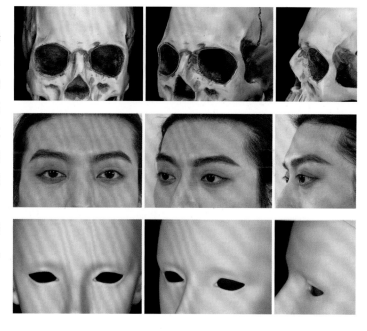

● 颞线

　　颞线是呈现在头骨两侧的弧形结构，是头侧面颞部和头顶、前额交界的转折线。真人头上的颞线通常被头发遮盖，但是对于 BJD 而言，它是区分头模正、侧面的重要转折线，是在打侧面阴影修容和绘制额头毛发或发际线时需要着重注意的结构。

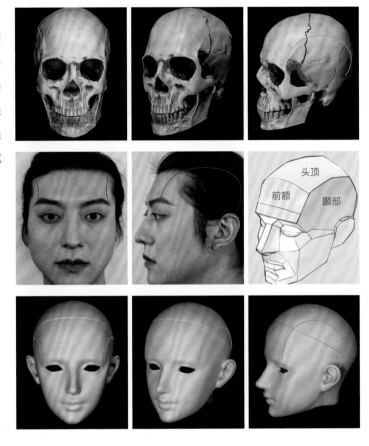

● 鼻骨和山根

　　鼻骨决定了鼻子的形状和高度。大众认知的"鼻梁"其实就是两片鼻骨拼合在一起的最高点。鼻骨上方的梯形区域是"山根"。加深山根可以使整个五官变得更加立体、硬朗，反之则柔和。在绘制成年男、女性头模时要注意区分，而儿童面部相对成年人平整，所以对山根、鼻梁等部分无须多加修饰。

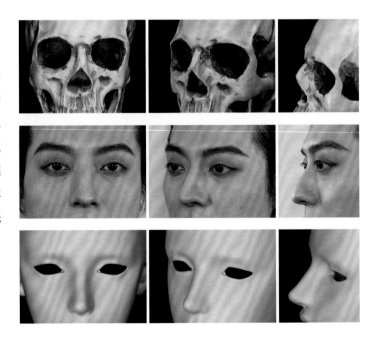

● 下颌角

下颌角是下颌骨后缘和下缘的交界，也就是俗称的"腮帮"。

在 BJD 中，下颌角决定头模侧边腮部的轮廓，在对应的区域进行润色加深可以改变脸部大小的视觉效果。

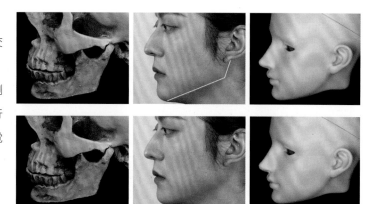

3.3.2 笔刷的修饰技巧

妆容中对面的修饰，基本都是通过色粉或颜料晕染来实现的。晕染和过渡并不是直接拿笔刷蘸取色粉，随意涂抹头模表面这么简单。在正式上妆前，先了解一下如何用不同笔刷晕染不同面的方法和技巧，以及操作过程中的小细节，再进一步练习后会大大提升上妆的效率。

在使用色粉前，一定要对笔刷进行分类。将蘸取深色色粉的笔刷和蘸取亮色色粉的笔刷区分开，混用会导致妆容颜色脏。

除非要进行混色，如果使用单一的颜色，那么在每次拿笔刷蘸取新的色粉前都要在纸巾上多刷几次，直到把上一次的色粉清理干净。一般以刷到纸巾上没有颜色为准。

用笔刷蘸取了色粉，先不要急着直接刷到头模表面，要先在纸巾上轻刷两下，刷去多余的色粉，同时匀化色粉在笔刷上的颜色，这样绘制到头模上会更均匀细腻。

在晕染过程中，出现色块不均匀或者有颗粒、杂色的时候，及时拿擦擦克林擦拭，待擦干净后再重新晕染。

3.3.3 常用上色方法 视频

1. 色粉晕染

最常用的上色技法就是晕染，即由一种颜色到另一种颜色的自然柔和过渡。几乎所有面部的结构阴影，以及眉、眼、唇的色彩过渡，都需要使用笔刷蘸取色粉来进行均匀的晕染。

除非要使用色粉绘制出很浓烈的颜色或者很明确的形状，在晕染的过程中，手法尽量以轻柔为准。宁愿少量多次，不要一次过多，因为手法不够轻柔会导致着色不均。如果遇到不容易清洁的头模材质（如胶皮、轻黏土），浓烈的颜色根本无法擦除，就只能卸妆重来，反而得不偿失。当然，在制作真人肌理时，为追求肤色的不均匀和瑕疵感而刻意进行不均匀的晕染除外。

● 大面积过渡和晕染：用腮红刷蘸取适量色粉，来回轻扫或者以画圈的手法在头模上着色或晕染。

● 局部晕染：用各类对应大小的晕染刷蘸取适量色粉，从同一个方向重复轻刷。

● 确认眉形、唇形、边缘较清晰的块面晕染：用斜角平头刷或者特制笔刷蘸取适量色粉，以笔刷侧锋来回刷出需要的形状，注意及时清理多余的色粉。

2. 颜料类晕染

在有明确的轮廓线，并且只需要在轮廓线内进行上色的情况下，可以使用各种颜料进行晕染。这种方法最常用在绘制眼眶和眼球上。推荐使用可以用水稀释的颜料，这样即使晕染出轮廓线，也可以及时修改和清理。

根据自己的需求，先对颜料进行稀释，然后用面相笔蘸取颜料在轮廓线内进行填充。趁颜料未干，用另一支面相笔蘸取清水，对需要过渡的地方进行晕染。

注意控制水分，在进行下一层晕染前，需要等上一层完全干透后再进行。

3. 平涂

用笔蘸取颜料，在需要的部分均匀填充颜色。平涂没有任何难度，只要注意涂到边缘线时不要涂出去即可。一般用于填充内眼眶、二次元头模五官眼球底色和绘制文身图案。

第 4 章

妆容色彩基础

色彩基础　｜　妆容色彩搭配　｜　不同肤色的选色参考

在 BJD 妆容中，色彩的重要性不亚于线条。如果说优美的线条是一位美丽的少女，色彩就是给这位少女换上不同的衣裳，哪怕是最平凡朴素的衣裳都要穿出和谐自然的美感。

色彩充斥于日常生活，对于不同的颜色，人们会产生不同的感知和联想。这对于艺术创作十分重要。几乎所有的画作都很重视色彩的使用和搭配，哪怕是无彩色的黑白画作，也会通过调整黑、白、灰在画面中的配比和融合，达到艺术家想要的视觉效果。

当然，绘制妆容和专业绘画有很大差别，妆师并不需要了解所有的专业知识，但必须对色彩的基本知识、调色原理、颜色的搭配有一定的了解。

4.1.1 色彩的基本属性

色彩有三个基本属性，分别是色相、明度和饱和度，三者相辅相成，并且影响整体视觉感。例如，明度、饱和度高的颜色会让人感觉画面鲜明惹眼，而明度、饱和度低的颜色搭配后让人感到静谧平和。只有掌握这三者的基本概念并了解其中的调色原理，才能更准确地画出想要的色彩。

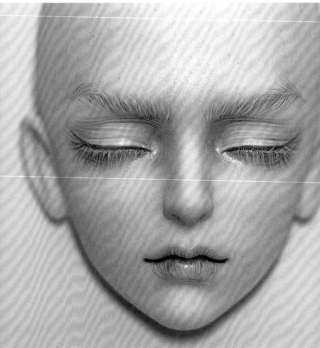

色相对比大，明度、饱和度高的妆容　　　　　　　　色相相近，明度、饱和度低的妆容

● 色相指色彩的相貌，常说的"红橙黄绿青蓝紫"就是简单的色相描述，即不同大类的颜色区分。

色相

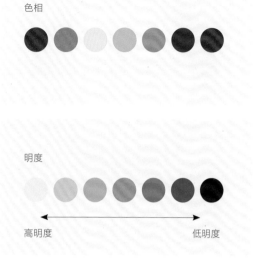

● 明度指颜色的明暗深浅变化，越接近白色越亮，越接近黑色越暗。在调色时，通过加入白色来提高色彩的明度，通过加入黑色来降低色彩的明度。

明度

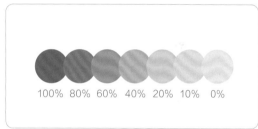

高明度   低明度

● 饱和度用来表示色彩的浓淡和深浅。使用颜料混色，每混合一次，饱和度都会有所下降，饱和度下降到最低就会变为灰色。

100% 80% 60% 40% 20% 10% 0%

4.1.2 色彩的调和

上妆时，由于大部分上色工具如色粉、丙烯颜料等，都已经调好了最常用的颜色，因此调色上并不存在很大的难度，但是有时候还是会出现现有的颜色并不能满足需求的情况。了解调色的基本原理是很有必要的，这样可以更大程度地灵活运用手中的上色工具调出更符合自己心意且丰富多变的色彩。

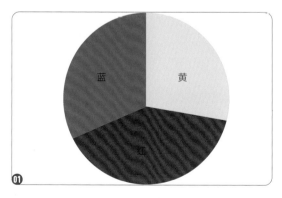

01 三原色是最基本的三种色彩，即红色、黄色、蓝色。其他颜色都可以用这三种颜色调和获得。

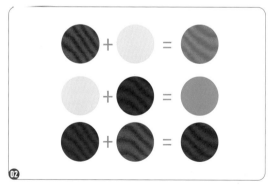

02 三间色是两种"原色"混合后调出的"间色"，也叫二次色。红色 + 黄色 = 橙色，黄色 + 蓝色 = 绿色，蓝色 + 红色 = 紫色。

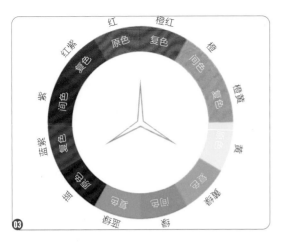

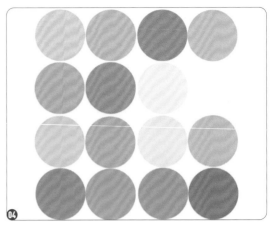

03 复色是用任何两种"原色"或"间色"加"间色"混合得出的，也称为三次色。复色的组合和变化很多，上图仅仅是用邻近的原色和间色进行混合得到的复色，事实上还可以有许多变化。

04 但是，由于三种原色混合会变成黑色，因此大部分复色的颜色在调和后都会变灰。高级灰色系，如莫兰迪色即由此而来。三种以上的颜色调和难度较大，很容易让整个妆容看上去很脏，需要一定的审美和练习。

4.1.3 色调的确立

何为色调？简单来讲就是一个画面给人的主要视觉感受，进而引起一些相应的心理感受。色调分为三大类——冷色调、暖色调和中性色调。

01 冷色调是指以蓝、紫、绿，以及由这些颜色叠加的颜色构成的色调，给人以清冷、通透、静谧的感觉。

02 暖色调是指以红、棕、橙、黄，以及由这些颜色叠加构成的色调，给人以炙热、温暖的感觉。

03 中性色调是指以黑、白、灰三种颜色构成的色调，视觉上不影响冷暖程度。

除去肤色的影响，妆容的色调是通过阴影、眉眼，以及唇色的色彩来决定的。妆容的颜色并不是单一的，而是不同颜色组合而成的，所以通常判断冷暖还是以整体视觉上给人的感官感受来决定的——当整个面部同时出现冷、暖色时，看哪个占比更大来判断主色调。

通常上妆前需要先确定想要的色调，然后尽量选取偏向该色调的颜色作为主色，这样即便搭配其他颜色也很容易确认主色调。

冷色调妆容

暖色调妆容

4.2 妆容色彩搭配

　　妆容的色彩不是单一的。即使一个看上去最简单的素颜妆容，也要由许多类似色组合而成，这样才能达到丰富且和谐的状态。如果只使用一种颜色，那么整个妆容在完成后会显得呆板而乏味。合理运用色彩搭配是妆容最终整体效果是否完美的决定性因素之一。

　　无论是什么色彩进行拼接、融合甚至碰撞，都要结合色相、明度和饱和度的一定规律，以达到视觉上的和谐。一般而言，最简单的配色方法，即让颜色处于同一个基本要素下，这样就可以立刻得到舒服的视觉效果。例如，使用色相相近的颜色，红色和橙色、橙色和黄色就能营造出鲜明、亮丽，犹如落日晚霞一样的感觉；使用明度相近的颜色，如浅灰色和淡蓝色，就能让人感受到静谧、柔和。

色相相近的彩妆搭配营造的妆容感

4.2.1 相近色系搭配

　　相近色系搭配指在色相、明度、饱和度任意要素下比较接近的颜色相配。

　　可以在整体色相上选择邻近色，通过调整的明度和饱和度使整个妆容达到想要的视觉效果。其中低饱和度的颜色更容易和其他颜色搭配，使整个妆容呈现更平和、协调的感觉。明度高的相近色则给人清透、干净、素雅的感觉。总体来说，相近色会给人一种妆容柔和过渡的和谐感，是绘制妆容时最稳妥的一种选色方法。

4.2.2 互补色系搭配

互补色指色相环中对角线的两个颜色（相隔180°），如绿色和红色、紫色和黄色。互补色一同出现会加强视觉冲击感，降低颜色的饱和度，让整个视觉效果更柔和。

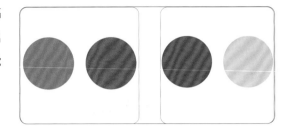

4.2.3 冷／暖／中性色系搭配

冷色系，色调上靠近冷色调蓝、紫、绿的清冷颜色搭配，可以搭配少量暖色，只要总色调为冷色即可。

冷色相近色搭配

冷色互补色搭配

暖色系，色调上靠近暖色调红、棕、橙、黄的温暖颜色搭配，可以搭配少量冷色，只要总色调为暖色即可。

暖色相近色搭配

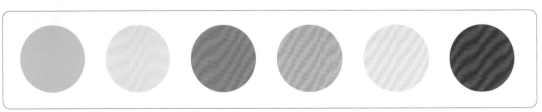

暖色互补色搭配

中性色指灰、白、黑，也称无彩色系，可以用来混搭任何其他色系。

4.2.4 其他特殊色配色参考

1. 金属色

金属色也分冷暖，金色系属于暖色，银色系属于冷色。金属色互相之间可以搭配，也可以和其他非金属色搭配，如金属赤金加黑色或深棕色可以调出生锈的铜色。

金属色

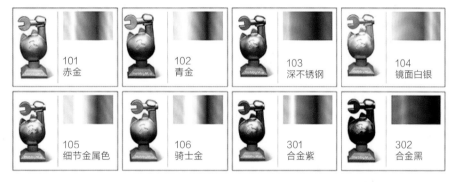

101 赤金	102 青金	103 深不锈钢	104 镜面白银
105 细节金属色	106 骑士金	301 合金紫	302 合金黑

2. 荧光色系

最常见的是赛博朋克或者科幻主题的配色，使用强烈的纯色撞色对比，搭配高亮度的荧光色及金属色来完成。

4.3 不同肤色的选色参考

和绘画不同，在头模上绘制妆容要考虑头模本身不同的肤色。选色有一定的技巧，同一种色彩用在不同的肤色上可能呈现完全不同的效果，如肉色在白肌上可以加深结构阴影，在烧肌上则起到提亮的作用。

首先要了解，需要加深的部位颜色一定比原肤色暗，而高光部分的颜色肯定比原肤色亮。那么对应肤色的选色技巧就显而易见了，只要按照色彩明度进行比较来选择即可。以肤色底色为标准，选择明度深于肤色 1~2 度的颜色进行结构加深，用明度浅于肤色的颜色进行提亮。这里总结了常见肤色的明度表，以及冷暖色调的选色方案，以供读者参考。

4.3.1 白肌

白肌的皮肤底色是纯白或者透白的，对上妆使用的颜色几乎不产生影响。

● 加深：用明度高的肉色、浅棕色、棕色、粉色等。

● 冷色高光：用明度高的紫色、蓝色等。　　● 暖色高光：用明度高的黄色、绿色等。

4.3.2 普肌

普肌的皮肤底色接近普通真人的亚洲人肤色。

- 加深：用肉色、粉色、浅棕色、深棕色等。

83

6

409

944

341

127

333　　356

- 冷色高光：用明度高的紫色、蓝色等。

256　　525

- 暖色高光：用薄荷绿、白色等。

4.3.3 粉肌

粉肌的皮肤底色为明度较高的粉色。

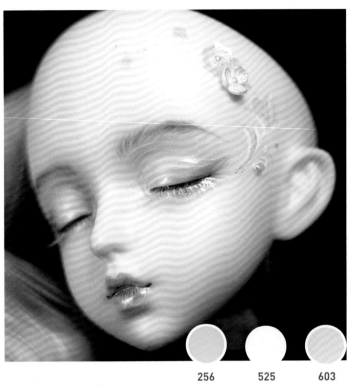

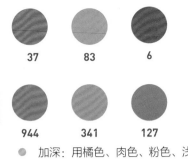

| 37 | 83 | 6 |
| 944 | 341 | 127 |

● 加深：用橘色、肉色、粉色、浅棕色、深棕色等。

| 333 | 356 |

● 冷色高光：用明度高的紫色、蓝色等。

● 暖色高光：用明度高的薄荷绿、白色、黄色等。

| 256 | 525 | 603 |

4.3.4 浅烧肌

浅烧肌的皮肤底色接近欧美人晒后的小麦肤色。

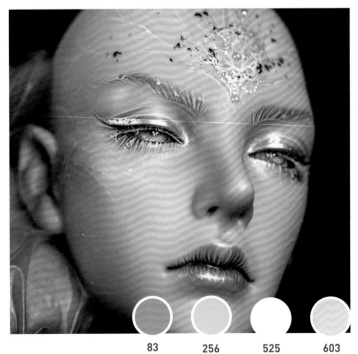

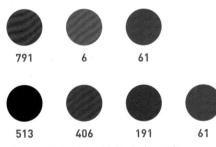

| 791 | 6 | 61 |
| 513 | 406 | 191 | 61 |

● 加深：用砖红、棕色、灰色、黑色、赭石色等。

| 333 | 356 |

● 冷色高光：用紫色、蓝色等。

● 暖色高光：用明度高的肉色、薄荷绿、白色、黄色等。

| 83 | 256 | 525 | 603 |

4.3.5 烧肌 / 深棕肌

烧肌 / 深棕肌的皮肤底色为接近巧克力色的肤色。

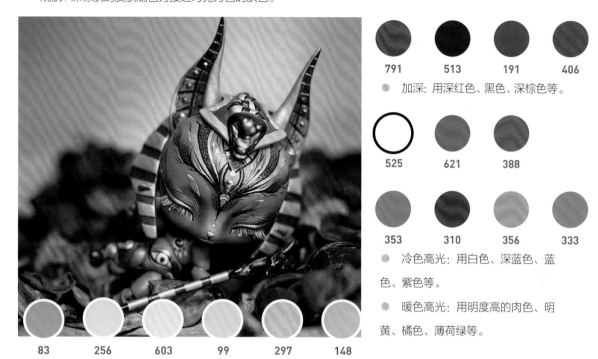

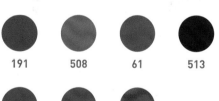

加深：用深红色、黑色、深棕色等。

冷色高光：用白色、深蓝色、蓝色、紫色等。

暖色高光：用明度高的肉色、明黄、橘色、薄荷绿等。

4.3.6 特殊肤色

1. 灰肌

加深：用深棕色、棕色、黑色、深灰色、深红色等。

冷色调高光：用紫色、蓝色等。

暖色调高光：用白色、薄荷绿等。

2. 黑肌

　　黑肌无法加深，可以使用金属色颜料或珠光粉提亮，主要是在黑肌上绘制不同的图案及颜色变化来达到所要妆容的效果。

　　推荐使金属色颜料和色粉，金色系搭配黑肌会更显质感。

3. 透明/半透明磨砂肌

建议使用喷笔进行喷涂，色粉很难着色，刷后几乎看不到颜色。

其无须加深或提亮，和黑肌一样，主要是绘制不同颜色的变化。

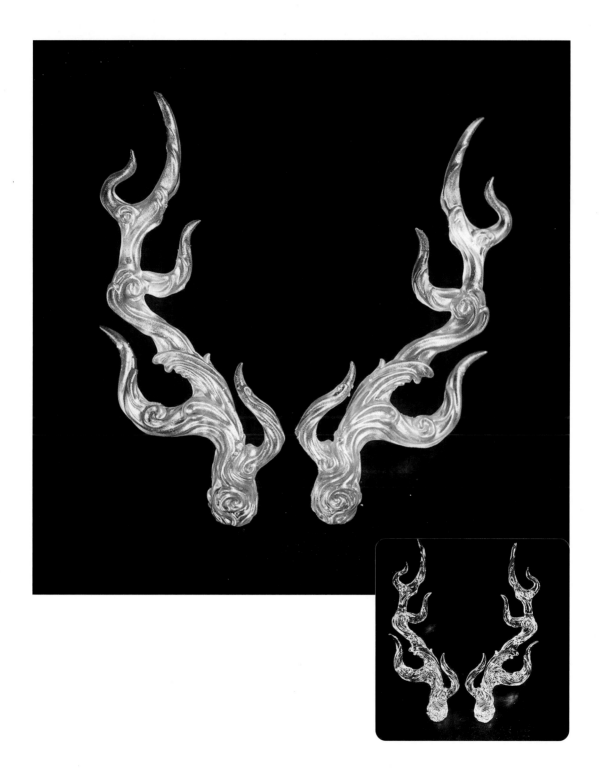

第 5 章

BJD局部妆容画法

底妆与整体效果 ｜ 眉毛 ｜ 眼部 ｜ 睫毛 ｜ 嘴唇 ｜ 耳鼻 ｜

真人肌理和特殊妆妆效 ｜ 鬓角 / 胡须 / 发际线

　　BJD 妆容是通过上妆的方式对整个 BJD 头模面部的五官做进一步塑造和美化的。从面部的整体底妆到五官细节的画法，都有其对应的基本流程和步骤。这里讲的是在已经喷过消光保护漆的头模上一般遵循的上妆流程。

　　本书中总结的上妆基本流程是我常用的流程，读者可以根据自己的习惯对顺序进行调整。之所以使用该流程，是因为五官并不需要逐个绘制。一般而言，我习惯在使用同一种颜色的时候，将面部用到该颜色的部分都一起画出来，这样可以随时保证妆容的整体完成度和有效提高上妆的效率。例如，当眉毛、眼线、唇缝的主线条都是棕色时，可以一起画；当双眼皮、眉毛、唇纹的高光线条都是白色时，也可以一并完成。

上妆流程参考步骤如下。

01 喷消光保护漆打底。

02 色粉晕染底妆，加强整个面部对比及冷暖色。

03 局部晕染眼、鼻、耳、唇部妆容。

04 喷消光保护漆定妆。

05 用色粉定位眉形。

06 绘制五官的所有主线条。

07 增加五官细节线条。

08 提亮五官高光线条。

09 喷消光保护漆定妆。

10 妆容整体调整和装饰。

11 喷消光保护漆定妆。

12 贴上睫毛（不需要贴的没有此步骤）。

每绘制完成一层妆容，尤其是在用色粉上妆后，都需要喷消光保护漆定妆。由于色粉是细腻的颗粒，它附着在头模表面，放置时间越久，色粉的颜色会褪得越厉害，因此喷消光保护漆定妆不仅可以保证色粉不掉色，还可以防止在绘制下一层妆容时因修改妆容而蹭掉或蹭花前一层的妆容。

肌理在任何时候都可以制作，不一定要一次画完，可以分多次进行，只要能达到想要的效果即可。

用色粉晕染底妆是整个妆容的基础，其目的是加深面部骨相，为进一步塑造面部五官打好基础。对于此问题，本书 3.3 节已经详细分析过，所以这里不再赘述加深及提亮的原理，而是直接将面部整体加深区域、冷暖色区域、高光区域的划分总结出来供读者参考。

5.1.1 面部整体加深区域

用深于肤色 1~2 度的色粉均匀加深面部骨相结构对应区域，可以有效增强面部的立体感。

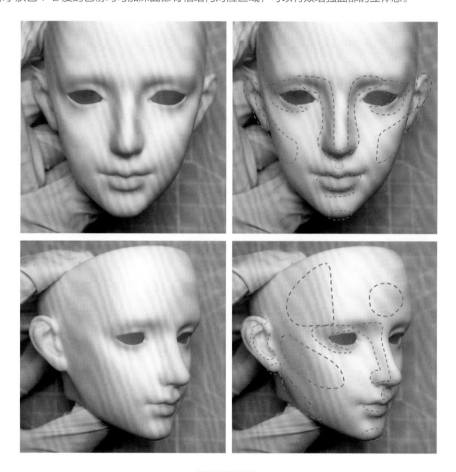

小贴士

喷完消光保护漆，可以用擦擦克林先将整个表面擦拭一遍，这样晕染的色粉和绘制的线条会更均匀，不容易出现卡粉或线条断断续续的情况。

5.1.2 冷暖色区域

冷暖色并不是独立存在的，而是相辅相成的关系。一般冷暖色比邻而居，可以使用叠加和晕染的方式互相过渡。

1. 底妆冷暖色

暖色区域一般使用粉色、浅棕色、橘色等，晕染在已经加深过的区域，局部加深红线标出的区域，提升整个妆容的气色感。

冷色区域一般使用暖色区域的对比色来晕染，从视觉上起到对整个面部的色温进行调节平衡和局部提亮的作用，让底妆有更多色彩层次的变化感。

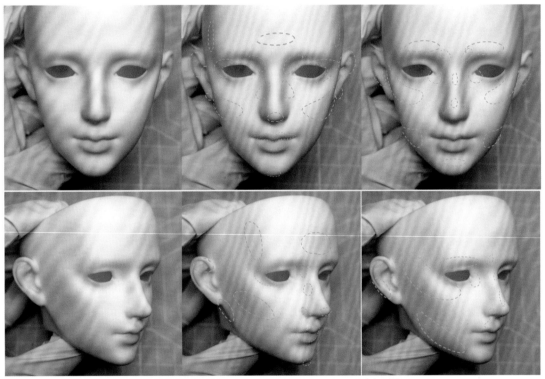

暖色区域　　　　　　　　　　　冷色区域

2. 腮红的种类及画法

腮红也属于妆容中的暖色区域。一般妆容中，腮红从面颊侧面往面中部斜45°晕染，同时还可以在额头、鼻尖和下巴等处也淡淡晕染一些，让整个面部更红润。在绘制儿童、青少年和女性妆容时，腮红是不可或缺的。

许多真人美妆中使用的腮红画法都会针对不同脸型或者表达不同的面部氛围感，可以借鉴。以下总结了几类常见腮红画法供参考。

眼周红晕式腮红

这类腮红一般与眼影连接成一整块，在眼周一圈晕染，一般搭配妖娆的妆容，给人以面若桃花之感，在古风妆容中经常使用。

晒伤、微醺式腮红

这类腮红的画法是从眼下连接到鼻梁进行晕染的，给人一种整个面部泛红的视觉感受，营造出微醺的效果，搭配雀斑为晒伤妆的效果。

眼下腮红

这是一种标准脸型的腮红画法，直接在眼睛正下方晕染。这样的画法可以让观看者的视觉焦点更集中在面容的中部。在真人妆容中，Lolita 类妆容经常使用，可以在头模上妆时作为参考。推荐在眼下搭配亮片、珍珠等装饰品，让整个妆容更亮眼。

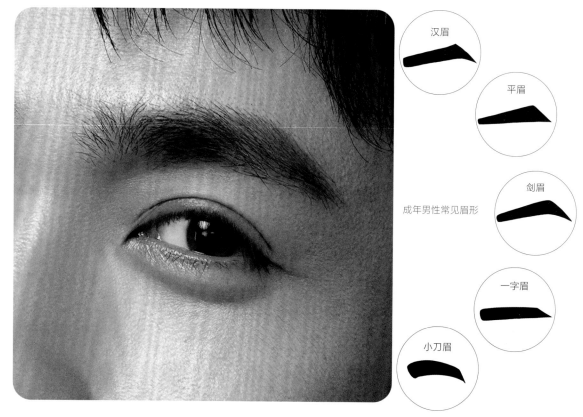

汉眉

平眉

剑眉

成年男性常见眉形

一字眉

小刀眉

2. 成年女性眉毛

通常来说，成年女性的眉毛比成年男性的眉毛看上去更柔和且整齐。未修理过的女性眉毛在眉弓部位也有杂毛，但是相对于男性，"野生感"没有那么强。

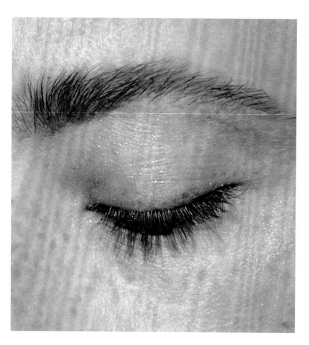

西方女性由于眉骨高，眉峰和眉头的落差也较大，整条眉毛的趋势很"陡"；而东方女性由于眉骨较低，眉峰和眉头的落差较小，整条眉毛的趋势就比较平缓。

成年女性常见眉形

3. 少年和儿童的眉毛

少年和儿童的眉毛比成人更舒展、更柔软，顺着眉弓看上去比较服帖。少年和儿童的眉毛一般不会进行刻意整理，在眉弓的部位会有柔顺的小杂毛。绘制时，要前疏后密，使用柔和的弧线画出一种柔软、细密的感觉。

4. 特殊眉形

特殊眉形一般指将眉毛修成特殊形状。BJD 妆容中的特殊眉形可以是根据主题进行创作的眉形，也可以参照已有的特殊眉形。例如，中国古代不同朝代的女性眉妆等。

5.2.2 眉毛定位法

  绘制眉毛的难点是确定其位置及对称性，所以学会定位眉头、眉峰和眉尾三个点极其重要。通过与其他五官的对比，可以很容易确定这三个点的位置，从而快速确认单边眉形。然后使用工具进行辅助和测量，可以有效地、对称地画出另一边眉毛。至于眉毛的高低、与眼睛的距离，可以按照自己的喜好来定。眉头与眼睛的距离越近，给人感觉越犀利；眉头与眼睛的距离越远，给人感觉越温柔。

  当然，也要注意眉毛是生长在眉骨上的，定位的最佳位置是眉骨转折处。绘制的眉毛不能过高或者过低，画在额头或者眼窝内都是错误的。所以，在绘制妆容前，可以根据头模的面部及想表达的人物性格、气质，先确定大概的眉、眼距离和眉形。

1. 眉头、眉峰、眉尾的定位方法

  眉头：鼻翼垂直向上为眉头的位置。

  眉峰：将鼻翼和下眼眶中心点相连做斜线并延长找到眉峰，也可以垂直于外眼角做垂直线找到眉峰。

  眉尾：将鼻翼和眼尾（眼眶末端点）相连，延长找到眉尾。

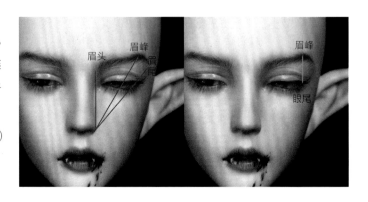

2. 眉形轮廓的画法

普通眉毛的眉形轮廓都对应眉头、眉峰和眉尾的参考线。在通过上一步确认三个基本要素后，按照自己的喜好，绘制出单边眉毛的眉形轮廓，确认眉形轮廓的粗细、倾斜程度、眉峰的转折度等，同时确保眉峰到眉尾的长度是整条眉毛长度的1/3，眉头和眉尾尽量处于一条水平线上。

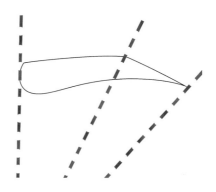

3. 对称眉毛的画法

对称性是绘制眉毛的一大难点，没有美术功底的人直接绘制对称眉毛的误差率是很高的。因此，可以使用美纹胶带、软尺等工具进行辅助测量，进而画出对称的眉形（具体画法参考5.2.3节）。此外，还有一个重要技巧可以检验眉毛是否对称：将头模上下翻转查看，就可以更明显地看出两条眉毛是否在一条水平线上，以及有无高低长短或者倾斜角度不同的情况。

在绘制眉毛的时候不要吝啬修改，用水溶性铅笔或彩色铅笔绘制草稿，尽量画精准，对于画错的线条或影响视觉的辅助线应及时用擦擦克林蘸水擦除，这样才能保证后续绘制眉毛线条时不会产生太大的误差。

5.2.3 眉毛的线条练习法

人类眉毛的生长趋势有一个共性，即毛发都会按照一定的规律生长。仔细观察真人眉毛，可以总结出眉毛的生长趋势规律，进而得出眉毛的画法基本公式。

眉毛是由许多层毛叠加组合而成的，所以绘制时可以一层层添加。初学者可以先在纸上练习眉毛线条的走势画法，等熟练后再在头模上绘制。

1. 平面眉毛线条练习

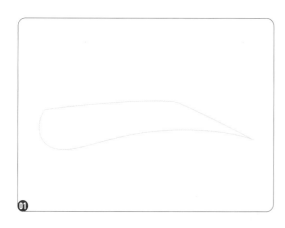

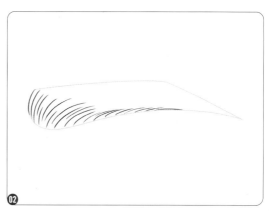

01 在纸上确定想要的眉形，画出眉形边框。注意眉毛的长度比例，以及眉峰、眉尾和眉头的位置。

02 画出眉头第1层眉毛，走向从左到右，前长后短。

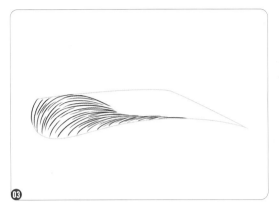

03 在第1层上方画出眉头部分的第2层眉毛。在绘制BJD妆容的时候，也可以将第1层和第2层眉毛合并简化，但是练习时可以分开绘制，方便掌握眉头毛发的线条走向。

04 沿着第2层眉毛的生长趋势，绘制出第3层眉毛的主线条，注意线条形状为上开下合，像倒过来的字母A。

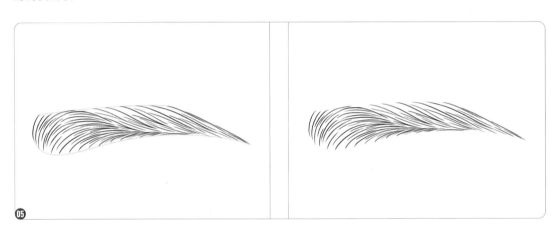

05 在第3层眉毛下增加第4层眉毛细节线条，注意和前两层眉毛间的自然过渡。最后擦掉轮廓线。

2. 眉毛线条加密法

　　先画出眉毛的主线条，然后在主线条的两侧加密线条。加密线条的画法是主线条的根部分开，尖部重合，形成一个类似小三角的形状。叠加绘制2~3层就能画出一条自然、浓密的眉毛。在加密过程中，不要刻板地完全按照小三角的形状绘制，可以随机添加一些单根毛发，让整条眉毛看上去更自然灵动。

　　黑色为主线条，红色为加密线条。

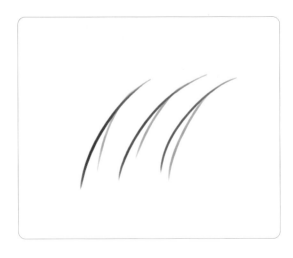

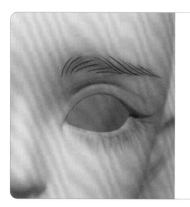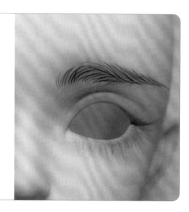

3. 杂毛线条的画法

杂毛一般集中在眉峰到眉尾的位置。眉毛下方的杂毛往上生长，眉毛上方的杂毛往下生长。

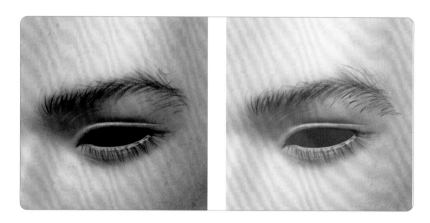

5.2.4 BJD 眉毛画法

本节演示的是第 1 种方法，从如何定位眉毛的对称框架草稿开始一步步演示，以供初学者参考。第 2 种方法的演示，在第 7 章的所有节中都有详细示范，此处不再赘述。

1. 妆前工具

软尺、水溶性铅笔（自动铅笔）、2mm 美纹胶带、面相笔（拉线笔）、斜角平头刷、擦擦克林。

191　　513

630　　710

● 申内利尔基础色粉：棕色 191 号、黑色 513 号。

● 温莎·牛顿丙烯颜料：马斯黑色 630 号、钛白色 710 号。

2. 步骤演示

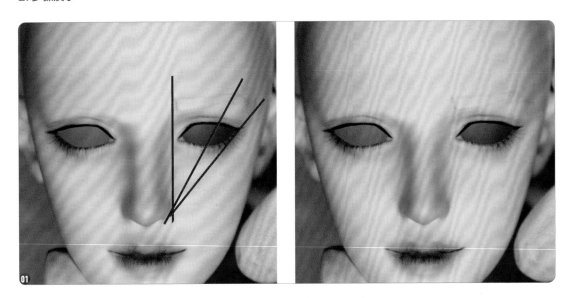

01 使用软尺从正面平视观察，鼻翼垂直的上方为眉头，鼻翼和下眼眶中点连接延长线为眉峰，鼻翼和眼尾连接延长线为眉尾。用美纹胶带贴出辅助线，然后用水溶性铅笔（自动铅笔）经过辅助线，按照个人喜好画出单边的眉形轮廓。撕掉胶带，从正面、半侧面观察眉形是否美观，若不美观则用擦擦克林蘸水擦除修改。

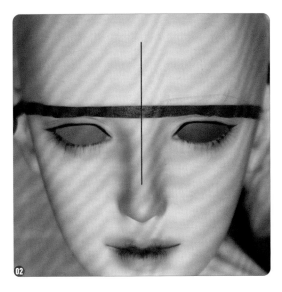

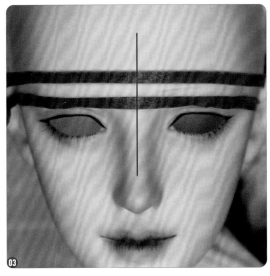

02 从正面观察头模，以两个眉头或面颊轮廓的水平距离为准，用软尺辅助，找到面部的中点，垂直画出面部的中线。然后过头模左侧眉毛的最低点，垂直于面部中线，水平贴一条美纹胶带。

03 垂直于中线，过眉峰最高点，贴一条与第 1 条定位胶带平行的美纹胶带。

04 确认另一侧眉毛的眉头、眉峰和眉尾的辅助线，然后在两条胶带的范围内，比照头模左侧的眉毛，定位出右侧的眉毛。

05 撕掉定位胶带，多角度查看两条眉毛的对称性和视觉美感，并进行完善和修改。用面相笔（拉线笔）蘸取稀释过的马斯黑色 630 号绘制第 1 层眉毛的主线条。

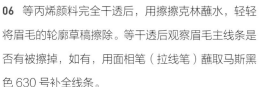

06 等丙烯颜料完全干透后，用擦擦克林蘸水，轻轻将眉毛的轮廓草稿擦除。等干透后观察眉毛主线条是否有被擦掉，如有，用面相笔（拉线笔）蘸取马斯黑色 630 号补全线条。

07 用斜角平头刷蘸取棕色 191 号和黑色 513 号，从眉头到眉尾由浅到深地晕染，按照眉形画出眉毛的底色。眉毛底色的轮廓要比眉毛线条的轮廓大，这样线条看上去才自然。

08 用面相笔（拉线笔）蘸取马斯黑色 630 号加密细节线条，然后用斜角平头刷蘸取黑色 513 号，在眉峰左右、眉毛中后段的位置进行局部加深，让整条眉毛更为浓密。

09 用面相笔蘸取钛白色 710 号，为眉毛画上白色高光细节线条作为点缀。如果觉得眉毛层次不够分明，可以继续用马斯黑色 630 号，按照眉毛的主线条，有疏密选择地加深眉毛根部，提升眉毛的层次感。

——（ 小贴士 ）——

不要加深整条眉毛，尤其是眉头部分，那样会让眉毛显得非常僵硬。

5.3 眼部

眼部的总体画法步骤可以概括为以下几步。

01 晕染眼部底妆。

02 画上面的内眼眶和眼线。

03 画双眼皮或单眼皮。

04 画下睫毛。

05 画下面的内眼眶。

06 画眼部所有的细节线条和高光线条。

07 添加装饰。

5.3.1 开眼的特性和画法

BJD 与真人的眼部结构几乎是一致的，但是眼皮分为两种，一种是在头模上将双眼皮结构做出来，另一种则没有双眼皮。对于有双眼皮结构的头模，上妆时只需要沿着结构进行加深和细化即可。

对于没有双眼皮结构的头模，在绘制妆容时自主性更高，可以绘制成单眼皮，也可以绘制出不同的双眼皮形状，但是绘制难度稍高，要画出双眼皮的明暗变化，从而使之更立体、自然。

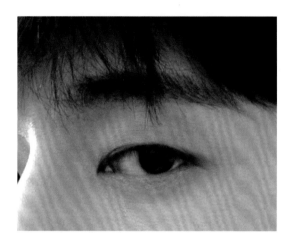

双眼皮不是一条单纯的线，而是由眼部皮肤折叠产生的，所以在眼头和眼尾都会有一些细褶皱。双眼皮也不是一条褶皱，而是由几条褶皱构成的。

绘制双眼皮的方法一般是先画出双眼皮的主线条，然后在主线条上、下绘制细节线条来丰富上眼皮的层次感。细节线条的走势和主线条是一致的，可叠加在主线条上对其进行加深，但是在眼头和眼尾要有分叉，给人以双眼皮是眼部皮肤褶皱堆叠的视觉感受。最后，在主线条和细节线条的间隙绘制适量高光线条，以有效提亮整个眼部。

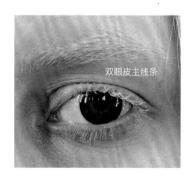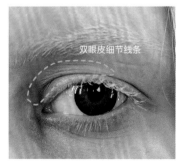

2. 眼线的画法

使用拉线笔或面相笔蘸取丙烯颜料，沿上眼眶边缘绘制至眼尾，按上眼眶的眼眶结构线延长画出眼线的主线条。眼线下面直接衔接下睫毛，所以眼线的线条必须非常流畅，在视觉上眼尾的眼线要比下睫毛的线条稍粗。

如果要更接近真人的眼线，可以使用熟褐色、浅棕＋朱红色、灰色。在妆容浓艳的情况下，可以使用纯黑色、深灰色、朱红色等。

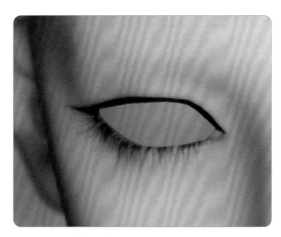

3. 下内眼眶的画法

使用面相笔笔头侧锋蘸取稀释过的肉粉色（朱红色＋钛白色＋肉色），沿着下眼眶边缘填充整个下内眼眶，等干透后可以分别在靠近眼头和眼尾的部分用深红色 791 号色粉晕染加深。如果仔细观察真人的下内眼眶，会发现其表面是湿润且有光泽的，所以在妆容完成后，也要在下内眼眶的位置涂抹水性光油进行提亮。

5.3.3 眼影和卧蚕的画法

日常类眼影的主要作用是加深眼部结构，不需要特别明显的色彩变化，使用肉色、粉色、棕色等暖色来绘制。

彩妆类眼影以明快、耀眼的色调来凸显眼部，明度、饱和度高，和原本肤色的对比大。此外，还可以使用各类闪粉来模仿真人彩妆中眼影的效果。在绘制前，可以参考各类美妆写真或视频寻找灵感。

1. 妆前工具

　　圆头晕染刷、圆扁头细节刷、一次性勾线笔、美甲平头刷、水性光油。

● 申内利尔基础色粉：棕色 6 号、肉色 83 号、粉色 944 号、深红色 791 号、黑色 513 号。

● 金色细闪粉、绿色极光粉。

2. 步骤演示

01 用圆头晕染刷蘸取肉色 83 号，加深整个眼皮的结构阴影。

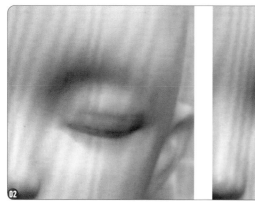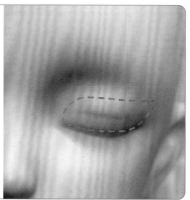

02 用圆头晕染刷蘸取粉色944号，从眼尾向眼头由深到浅地渐变过渡，晕染整个上眼皮。

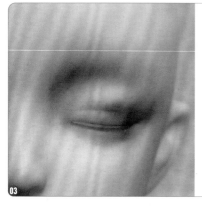

03 用圆扁头细节刷蘸取深红色791号，从眼尾向眼头由深到浅地渐变过渡，晕染后2/3的眼皮和卧蚕。

04 用圆扁头细节刷蘸取黑色513号，从眼尾向眼头由深到浅地渐变过渡，晕染后1/3的眼皮和卧蚕。

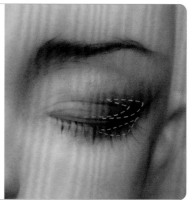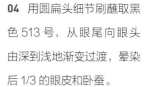

05 用美甲平头刷蘸取绿色极光粉，刷满整个眼皮和卧蚕，尤其要加强眼角部分。喷一层消光保护漆定妆。然后将金色细闪粉加入水性光油中，使用一次性勾线笔在眼皮上画金色高光，增加眼妆的光泽度。

涂抹水性光油提亮的位置　　　　涂抹绿色极光粉的位置

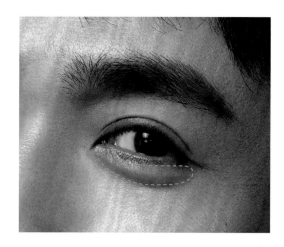

除了绘制上眼皮，让眼部结构更立体、饱满的要点是加强卧蚕部分。

卧蚕是在下眼眶的下方、横卧在下睫毛边缘、呈椭圆形的凸起结构。绘制卧蚕可以使整个眼睛看上去更大，结构更饱满。有些 BJD 头模会直接制作出卧蚕，有些则没有。有卧蚕结构的头模只需要加深卧蚕阴影即可，没有的可以使用色粉晕染出来，具体步骤如下。

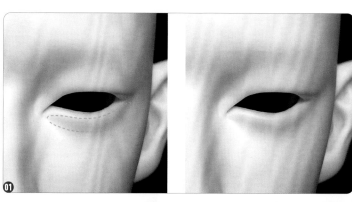

01　用圆头晕染刷蘸取肉色 83 号加深粉色区域，并向眼头自然过渡。

02　用舌形刷蘸取棕色 6 号加深红色区域。

03　用一次性勾线笔蘸取白色珠光粉提亮蓝色高光区域。

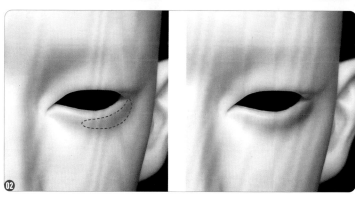

5.3.4　眼部细节线条

眼部细节线条一般用来表示眼部的褶皱。随着年龄的增长，眼部的褶皱也会增多。

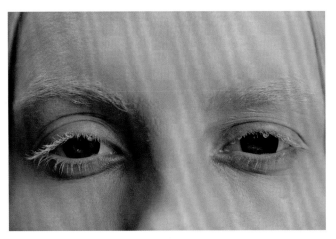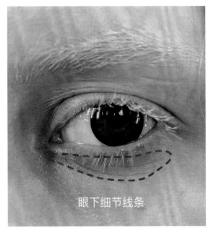

眼下细节线条

在绘制这类细节线条的时候，通常使用比眼部阴影深一度的彩色线条或者干净的白色细节线条来表现，其主要功能是点缀眼部结构，增加妆容的真实感和眼部细节的丰富度。不过，要注意眼下的细节线条用量，除特殊主题外，过多的眼下细节线条会让整个面容显得憔悴。

- 红线框：眼窝细节线条。沿着眼窝形状绘制阴影线条和白色细节线条，体现眼窝深度，增加眼头提亮处的细节变化。

- 蓝线框：下眼睑细节线条。顺着下眼睑形状从眼头延伸出来，用来表示眼头下的褶皱，不宜过深、过多。

- 紫线框：卧蚕细节线条。顺着卧蚕形状绘制白色细节线条可以增加漫画感；如果是真人感很重的妆容，可以改用深色线条加深卧蚕阴影。

5.3.5 眠眼的特性和画法

　　闭眼的头模在 BJD 中越来越常见，称为"眠眼"，还有一些半闭着眼的头模，称为"半眠眼"。这两类头模的眼部结构几乎一致，都以着重绘制眼皮部分来表达整个眼部结构。仔细观察真人的闭眼或半闭眼状态，可以看出眼皮包裹着眼球，呈现半圆形的自然弧度，而双眼皮形成的褶皱有时为一层，有时为多层。

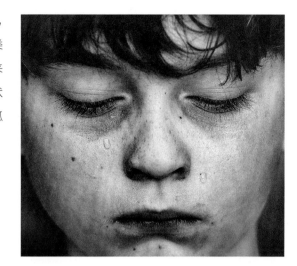

　　眠眼的绘制方法和开眼是一样的：对眼部整体轮廓进行加深和提亮，绘制出双眼皮褶皱的主线条，再画出白色的高光细节线条即可。在绘制妆容的时候，可以根据不同的审美和想要表达的主题刻画眠眼的眼皮褶皱线条。

5.4 睫毛

　　睫毛的画法可以概括为以下几步。

01 绘制睫毛阴影。

02 绘制睫毛主线条。

03 加密细节线条。

04 绘制白色高光线条。

5.4.1 不同的睫毛类型

睫毛的生长因人而异，根据长短和浓密不同，大致可分为三类：自然普通型、浓密蒲扇型、小簇倒三角型。当然，还有很多特殊形状的睫毛，一般用于创意妆容，可以根据妆容主题自由发挥，这里不做介绍。

睫毛的面部投影用阴影线条来表现，所以，在绘制睫毛前，最好先用浅熟褐色或永固红色绘制一层睫毛阴影线条打底，然后绘制睫毛主线条，这样会更有层次感。

1. 自然普通型

这类睫毛通常呈现前疏后密的生长趋势，下睫毛毛量适中且睫毛末端自然下垂，没有特别明显的弧度，给人以干净、简洁的视觉感受。

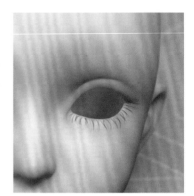

主线条平面示意

2. 浓密蒲扇型

这类睫毛给人的第一视觉感受就是浓密，看上去毛茸茸的。浓密蒲扇型的下睫毛通常不会只有单层，而是由2~3层下睫毛叠加生长而成的，并且睫毛整体生长趋势向眼尾倾斜。

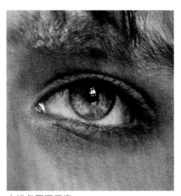

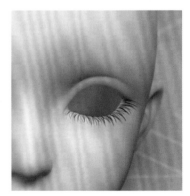

主线条平面示意

3. 小簇倒三角型

这类睫毛为一簇簇的，即邻近睫毛的根部分开、尖部合在一起的倒三角形小簇睫毛。通常用睫毛膏刷过或贴假睫毛后就会有这种效果，给人以睫毛纤长且根根分明的感觉。

主线条平面示意

5.4.2 下睫毛的画法

睫毛的主线条和眉毛相仿，靠近睫毛根部的部分分开，睫毛尖部合并，像一个倒三角，可以错开绘制，在两三根睫毛中夹杂一根单根睫毛，以使睫毛看上去更丰富多变。

主线条　　　　　　　　　　　　　　　加密睫毛线条　　　　添加高光线条

1. 妆前工具

拉线笔或面相笔。

● 温莎·牛顿丙烯颜料：永固红色 240 号、熟褐色 530 号、马斯黑色 630 号、钛白色 710 号、肉色 210 号。

240　　　　530　　　　630　　　　710　　　　210

2. 步骤演示

 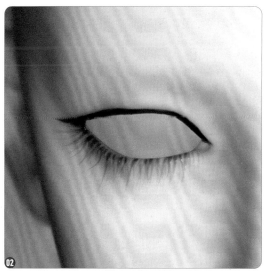

01 用拉线笔蘸取稀释过的永固红色 240 号或熟褐色 530 号，为睫毛阴影打一层底，然后用稍浓的熟褐色 530 号画出单根睫毛的主线条。

02 在睫毛主线条的两侧用熟褐色 530 号添加睫毛细节线条。注意睫毛的根部分开、尖部向主睫毛靠拢，形成倒三角，和眉毛的线条加密原理相同。

03 蘸取马斯黑色 630 号继续加密睫毛，完成后，再疏密结合地加深一遍睫毛主线条，以增加层次感。

04 调和钛白色 + 肉色 + 朱红色丙烯颜料，用拉线笔笔头侧锋平涂下内眼眶和眼头部分。如果想更有细节感，可以用拉线笔从眼眶内往外绘制一些粉色睫毛细节线条，但注意不要过密、过多。

05 蘸取稀释过的钛白色 710 号，绘制出最后一层睫毛高光线条。注意，高光线条起点缀作用，适量即可。完成后，绘制眼头、下眼睑、卧蚕等处的细节线条，以增加整个眼部和下睫毛的妆容完成度。

5.4.3 上睫毛的贴法 视频

　　上睫毛最传统和最常用的表达方式一般是直接贴真人用假睫毛。贴睫毛的步骤应在整个妆容全部绘制完成且喷过消光保护漆以后，因为贴着睫毛喷消光保护漆的话，会在睫毛上残留一层粉尘。

　　上妆使用的假睫毛通常可以分为三种。

自然款手工编织睫毛

　　选择两边短、中间长的自然款手工编织睫毛，剪开后得到两片长度相同的假睫毛。睫毛短的部分贴在眼头位置，睫毛长的部分贴在眼尾部分，这样的贴法可以让整个上睫毛更为自然。

小簇睫毛

　　按照自己的需求，将自然款手工编织睫毛修剪成小簇睫毛，贴出自己想要的弧度和密度。小簇睫毛特别适用于眠眼头模。

单根睫毛

　　将自然款手工编织睫毛剪成单根的或者直接购买真人种睫毛用的单根睫毛，用于贴下睫毛、特别小的特殊尺寸头模的睫毛，以及对已有的睫毛进行局部加密。

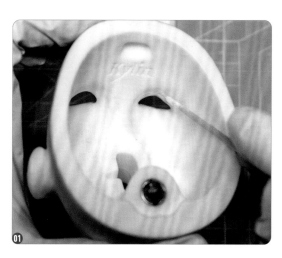

1. 自然款手工编织睫毛贴法 视频

　　妆前工具：尖头棉签、睫毛、小剪刀、UHU 胶（或手工白乳胶）、尖头镊子。

视频

01 用尖头棉签蘸取 UHU 胶或者手工白乳胶涂抹在内眼眶。如果使用 UHU 胶，由于胶水很容易干，可以先进行下一个步骤，将睫毛修剪好备用，再涂胶水；如果使用手工白乳胶，只有先晾一会儿再贴睫毛才能贴住，所以应按先涂胶水后修剪睫毛的顺序进行。

02 将睫毛对半剪开，睫毛短的部分对准眼头、睫毛长的部分对准眼尾，然后将睫毛放在眼眶上进行对比，以睫毛梗的总长度正好可以贴合并放进眼眶为准进行修剪。完成后，用尖头镊子夹住睫毛末端放入靠近眼尾的眼眶内贴住。

03 用尖头镊子将睫毛的另一端放入靠近眼头的眼眶内部贴住。

04 翻到头模反面，用尖头镊子将睫毛完全黏合在内眼眶，同时，从头模正面调整睫毛的位置。睫毛不宜太下垂，否则会产生遮挡，使眼球不容易受光。等胶水干透后，翻到头模反面，在内眼眶的睫毛根处薄薄涂一层胶水加固，防止在换眼球的过程中睫毛脱落，等胶水干透即可。

┤ 小贴士 ├

在胶水半干的时候最适合调整睫毛，用尖头镊子水平抵住睫毛根部，调整睫毛到想要的角度，保持一会儿，等胶水大致凝固后睫毛就会在这个角度定型了。

2. 单根 / 小簇睫毛贴法 〔视频〕

单根和小簇睫毛的贴法相同，都是在眼眶内涂抹胶水后，用镊子夹取睫毛，一根根或一簇簇贴。以小簇睫毛贴法作为示范演示。

妆前工具：睫毛、小剪刀、UHU 胶（或手工白乳胶）、牙签、尖头镊子。

视频

01 将自然款手工编织睫毛的梗部剪去一半，修剪成梗长约 1mm、2~3 根为一簇的小簇睫毛。

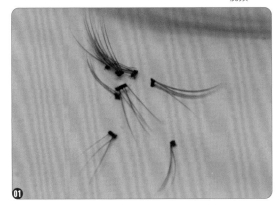

02 用牙签蘸取 UHU 胶水或者手工白乳胶在眼眶内涂抹，需要手工白乳胶微干再贴睫毛，否则容易掉落。注意，胶水不能太多，否则在贴睫毛的时候会溢出。

03 用尖头镊子夹取小簇睫毛，在确定睫毛卷翘朝上后，一簇簇贴入眼缝中。

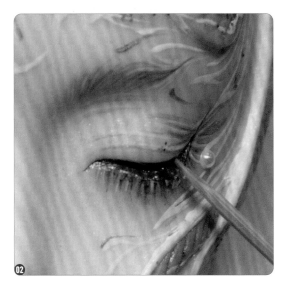

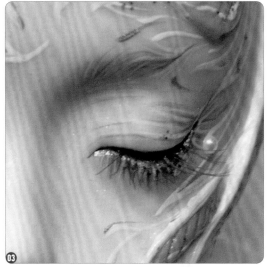

5.5 嘴唇

嘴唇的画法可以概括为以下几步。

01 画唇缝。

02 勾唇角。

03 绘制主唇纹。

04 填充唇色。

05 增加细节唇纹。

06 绘制高光唇纹。

07 涂光油。

5.5.1 唇缝和唇角的画法 （视频）

视频

因为唇缝的特殊结构，颜料很容易碰到上、下唇，所以推荐使用"渗线法"绘制唇缝，即将稀释后的丙烯颜料用拉线笔笔尖引流到较难画到的缝中，以免碰到其他部分。可以将丙烯颜料稀释得稀薄一些，在绘制下一层时，要等上一层干透后再操作，这样更容易控制唇缝颜色的深浅变化。

绘制完唇缝后绘制唇角，注意唇角和唇缝的衔接部分需要自然过渡。当然，唇角可以进行一定的变化，不同的唇角角度可以起到改变唇形的作用，如下垂唇角、微笑唇等。

用拉线笔蘸取稀释后的棕色＋深红色丙烯颜料，将拉线笔笔尖轻轻贴在唇缝上，让丙烯颜料顺着笔尖渗到唇缝的位置。如果碰到上、下唇，可以用尖头棉签蘸水及时擦去。

等干透后，根据颜色明暗，可以再次用此方法加深一次唇缝。

5.5.2 不同的唇形和唇妆质地

观察嘴唇的结构和明暗可以发现，嘴唇不是一个平面整体，而是由不同的块面组成的。

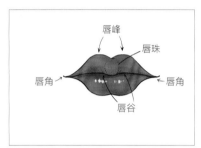

嘴唇的结构

嘴唇的明暗

一般而言，绘制现代唇妆只要按照正常嘴唇的轮廓进行填充即可。在古风妆容中，唇形的变化较多，可以参考相关的摄影作品、仕女图和古籍等。当然，还可以根据自己的喜好进行自由创作。

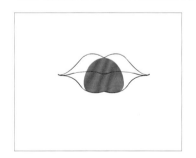

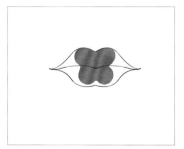

常用的古风唇妆参考

高光唇釉光泽：使用油性光油涂抹一层；也可以在油性光油加入闪粉，制作出高光唇釉的效果。注意，油性光油不能来回涂抹，否则会溶解下面的妆容，尽量一次性完成操作。

普通唇彩 / 润唇膏光泽：使用水性光油涂抹一层；也可以在水性光油中加入闪粉，绘制出普通唇彩或涂抹过润唇膏的效果。水性光油干透后亮度会降低，可以根据自己的需求选择涂抹的层数。注意，涂抹第 2 层务必在上一层干透后进行。

亚光 / 丝绒质地光泽：在绘制完唇色后不需要涂光油，或者可以用水性稀释液将水性光油稀释后再涂抹一层。以磨砂亚光感为主，不要有明显的光泽。

立体唇纹：使用小号的一次性勾线笔蘸取油性光油，按照唇纹的纹路画出立体唇纹效果。

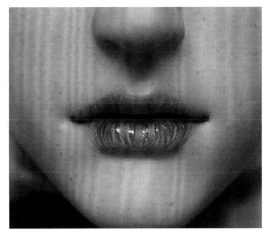

5.5.3　唇纹

仔细观察真人的嘴唇，能看到嘴唇上有许多唇纹。在 BJD 妆容中，绘制唇纹也很常见。细致且富有层次的唇纹可以增强整个妆容的细节感。一般而言，绘制唇纹要选用明度相近的颜色，这样在整体上不会影响唇部的视觉感受。如果色差很大又很细密，从整体视觉上会给人一种唇部极度缺水的感觉。

下面来看看唇纹的平面示意图。

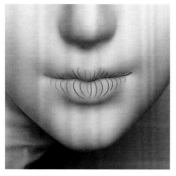

主唇纹走向

细节唇纹／高光唇纹走向

上唇内部主线条和细节线条

5.5.4 嘴唇的画法

1. 妆前工具

0.6cm 拉线笔、一次性勾线笔、圆扁头细节刷、斜角平头刷、舌形刷、水性光油。

- 申内利尔基础色粉：肉色 83 号、粉色 944 号、橙色 37 号。

- 温莎·牛顿丙烯颜料：熟褐色 530 号、永固红色 240 号、肉色 210 号、钛白色 710 号。

2. 步骤演示

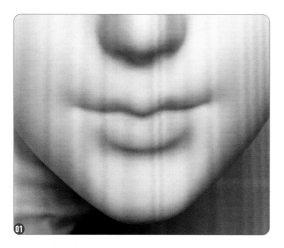

01 用圆扁头细节刷蘸取肉色 83 号，扫出嘴唇的基本结构颜色。

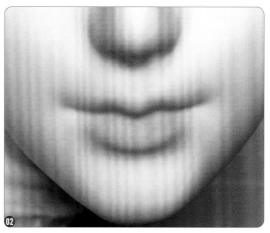

02 用斜角平头刷或舌形刷蘸取粉色 944 号，从唇缝向外叠加晕染整个嘴唇，也可以用熟褐色 530 号晕染，主要加深唇部的阴影面，增强唇部的立体感。

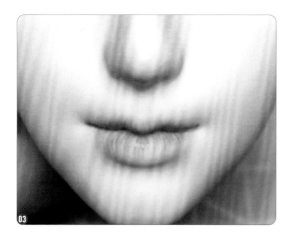

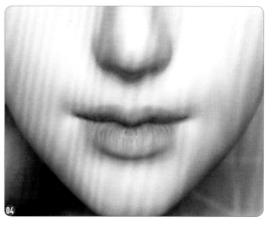

03 使用 0.6cm 拉线笔蘸取稀释过的永固红色 240 号，按照平面走向示意图沿着嘴唇的结构弧度绘制主唇纹。

04 用斜角平头刷蘸取橙色 37 号或其他暖色，从唇缝向外加深整个唇部的颜色，并且绘制出唇峰和唇谷。喜欢淡唇纹嘴唇画法的可以在此停下。淡唇纹以简洁、清爽为主，可以涂上水性光油提高嘴唇的完成度。偏好真人风细密唇纹的可以按照以下步骤继续深入。

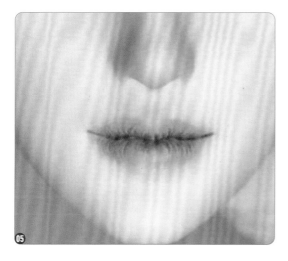

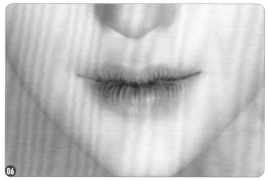

05 用肉色 210 号或在肉色 210 号中加入少量永固红色 240 号加深第 1 层唇纹线条的同时，增加第 2 层的细节线条。

06 用稀释过的钛白色 710 号绘制出第 3 层高光唇纹。

5.6 耳鼻

　　耳朵和鼻子的画法没有其他五官那样复杂，只要根据各自的结构在凹陷处加深、在凸起处提亮即可。还有一点需要注意，大部分头模的面部都是进行过艺术美化的，请不要真的像真人照片一样对模型的鼻孔和耳洞进行涂黑处理，那样会大大降低视觉美感。

5.6.1 鼻子的阴影和高光

根据鼻子的骨骼结构，鼻子的阴影和高光可分为3部分：第
1部分是鼻梁连接到面部的斜坡，两侧有阴影，高光在鼻梁和鼻
尖部位；第2部分是鼻翼，鼻翼是半球形的，其连接面部的部分
有阴影，和鼻梁衔接的部分为高光；第3部分为鼻底，包括鼻孔。

在绘制BJD妆容时，根据鼻子的结构，需要在鼻梁两侧、
鼻翼衔接面部的地方、鼻底绘制阴影，阴影和高光中的反光可以
使用冷色调进行提亮和丰富色彩变化。注意，在打鼻梁两侧的阴
影时，需要向上衔接过渡到眼窝部分，这样才能让整个鼻部的阴
影更加协调；鼻梁的加深不宜过深，否则会使整个妆容看上去非
常僵硬。

鼻子的高光部分可以像真人美妆一样，在鼻梁、鼻头处点缀珠光粉来增加整个妆容的精致感；还可以在鼻翼
和鼻头增加一些粉色来增加整个妆容的气色感，尤其是女性和儿童，在鼻头增加粉色后会显得更加俏皮可爱。

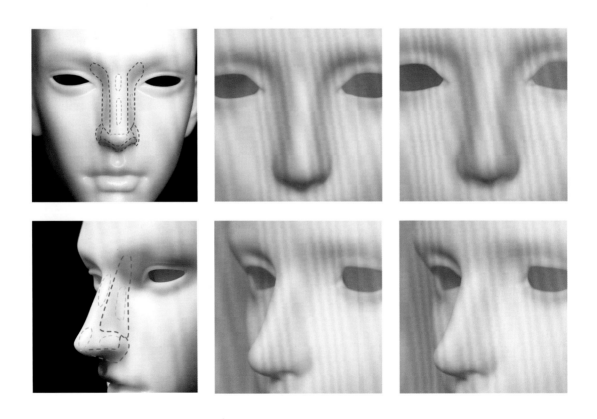

如果想要更接近真人，可以参考一些鼻子的照片。例如，欧美人鼻梁两侧有雀斑或者有一些晒伤的红血丝，可增加一些瑕疵来增强真人质感。

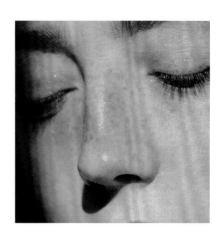

5.6.2 耳朵的阴影和高光

大部分头模的耳朵结构都进行过一定程度的简化，大尺寸的头模的耳朵结构可能制作得精细一些，而黏土人的耳朵结构则直接简化为简单的凹陷，所以最简单的画法就是按照头模原有的结构在凹陷部位加深阴影。如果想更细致一些，可以提亮凸起部分。

当然，如果追求更逼真的效果，可以参考真人耳朵照片。总体来说，增加两处细节就可以大幅度提升耳朵妆容的精致度：一是耳朵外轮廓泛红部分，二是皮肤上的细小血丝。

所以，在细化耳朵的妆容时，可以用色粉自然地晕染耳朵外轮廓泛红的整个区域，然后根据自己的需求绘制一些细小血丝等。但要注意，在绘制耳朵妆容时，结构的加深或者细节的描绘不宜过度，需要考虑到其在整个面部的衔接过渡，不要让耳朵脱离整体妆容突兀地立在两侧。

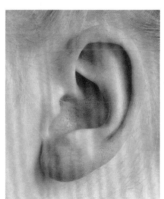
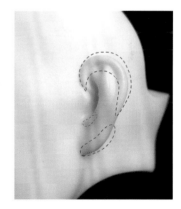

5.7 真人肌理和特殊妆妆效

BJD 真人风妆容追求接近真人的妆容效果。由于制作头模的树脂表面是平滑的，颜色也是统一的，并不像真人的皮肤那样有色素沉淀、毛孔、毛细血管或者细小瑕疵，因此当想要绘制更接近于真人质感的妆容时，必须对头模的皮肤进行刻意的肌理和瑕疵处理。皮肤肌理的绘制并不是用单一的瑕疵元素就能表达的，而是需要叠加混合不同的元素。所以本节就不同的真人皮肤瑕疵类型进行了总结和归类，并细分了不同的画法和技巧以供参考。

5.7.1 肤色不均 / 红血丝 / 毛细血管 `视频`

肤色不均：在没有上妆的情况下，真人皮肤随着年龄的增长首先产生的自然特征就是肤色不均。肤色不均是在紫外线照射下形成的，所以不做护肤防护的儿童、喜欢在阳光下活动的人、居住在沙漠或高原等地密切接触阳光的人的肤色不均都会非常明显。

红血丝：肤色不均的面部红色部分都会伴有红血丝。红血丝可以理解为一种皮肤受伤的表皮状态，它是晒伤、过敏等产生于皮肤表面的变化。所以，在绘制妆容时，强调红血丝在皮肤表层的质感用清晰且明显的红色更为合适。

毛细血管：在自然状态下，如果皮肤白且薄，会从皮下透出青红交错、若隐若现的血管纹路，即普通的毛细血管。绘制皮下毛细血管是真人妆容中表达皮肤白皙通透、透明度高的方法。毛细血管和红血丝所处的皮肤层次不同，画法也有所不同。

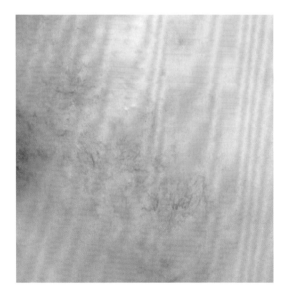

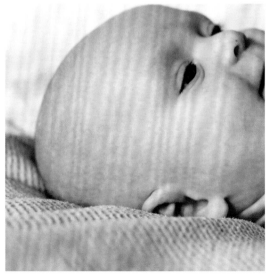

在绘制 BJD 真人妆容的各种肌理效果前，只有先考虑会产生这种肌理的原因和对应人群，才能合理使用不同的肌理元素搭配妆容。不合适的肌理只会成为破坏妆容的败笔。例如，给一位深居简出的古代闺阁小姐绘制强烈的肤色对比和面部红血丝明显不合常理，但适当绘制若隐若现的毛细血管则能准确表达小姐皮肤吹弹可破的薄透感。

1. 肤色不均的画法

妆前工具：小号的一次性勾线笔、剪刀。

● 申内利尔基础色粉：浅蓝色 356 号、深红色 791 号。

356　　**791**

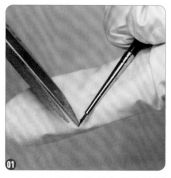  

01 用剪刀将一次性勾线笔的笔尖剪平、剪短，然后在平面上将笔头的毛戳散开。

02 用自制笔刷蘸取深红色 791 号，在面部上以轻戳的手法绘制出肌理。

03 蘸取浅蓝色 356 号，叠加轻戳冷色，增加面部的色彩变化感。

2. 毛细血管的画法　视频

妆前工具：擦擦克林。

● 捷克酷喜乐水溶性铅笔：蓝色 16 号、红色 7 号。

16　　**7**

视频

01 用蓝色 16 号水溶性铅笔在全脸画出不规则的线条，可以一边抖动手腕一边画，这样更容易画出自然的不规则线条。完成后，用擦擦克林把全脸按压一遍，将蓝色线条按压柔和。

02 用红色 7 号水溶性铅笔以同样的手法在全脸绘制不规则的线条。完成后，用擦擦克林把线条按压柔和。查看是否所有线条都按压柔和了，然后薄喷一层消光保护漆定妆。可以用同样的方法叠加绘制更多的毛细血管。一般而言，在密度足够的情况下，绘制两层就可以达到很细腻的视觉效果了。当然也可以绘制更多层，只要每画完一层都薄喷一层消光保护漆定妆即可。

03 此外，可以在画完整个面部的毛细血管后，在局部绘制比较明显的细节线条，画完后同样用擦擦克林按压柔和，以表达更细致的肌理效果。例如，加强青筋血管效果。

04 增加红血丝。

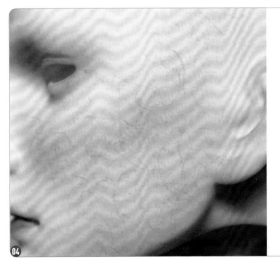
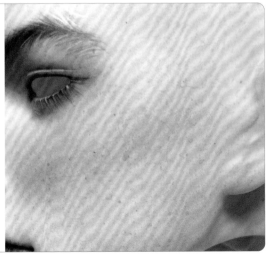

5.7.2 面部颗粒感和雀斑

真人的面部颗粒感来自毛孔，没有绝对光滑的皮肤，哪怕是刚出生的婴儿，皮肤也带有细腻的颗粒感，成年人更甚。

通常来说，头模的面部在多喷几层消光保护漆后会自然形成细腻的磨砂感。也可以通过别的方式，如使用牙刷、喷壶、肌理凝胶等制作肌理。

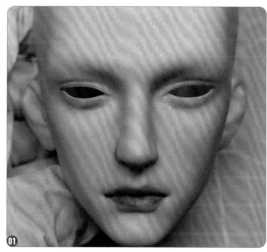

01 用牙刷蘸取稀释得很浅的熟褐色丙烯颜料，先用纸巾吸收一部分颜料，然后用手从一个方向拨弄牙刷毛，从而喷溅出颗粒状的丙烯颜料。距离头模 15~20cm，将丙烯颜料喷刷在头模上。如果有特别大的颗粒，或者有些颗粒落在不美观的位置，可以用棉签及时擦除。

02 等完全干透后，会有很浅的一层颗粒肌理，之后可以继续使用同样的方法喷刷第 2 层。喷多少层根据自己的审美来定，喷的时候可以适当加深丙烯颜料或者加入其他颜色的丙烯颜料，这样可以增强面部肌理的色彩变化和层次感。

03 使用棕色水溶性铅笔，或用面相笔蘸取稀释过的赭石色或熟褐色丙烯颜料，一点点画出雀斑即可。注意，雀斑有大有小，分布不规律，深浅也有所变化，需要耐心地操作。尽量不要使用牙刷来喷刷雀斑，那样会导致满脸都是斑点。

5.7.3 平面瘀青或伤口 / 立体伤口 / 凝胶皮肤肌理

绘制皮肤的时候，还有一些特殊的妆容效果，如绘制瘀青、伤痕、立体的伤口或疤痕等。当表现一些特殊性格或主题时，会更凸显妆容的真实质感。以下简单示范平面瘀青或伤口和立体伤口的画法，立体伤口一般需要用到可以制作立体纹理的材料，如丙烯塑形膏或油画肌理膏等。

1. 平面瘀青或伤口的画法

妆前工具：圆扁头细节刷、面相笔、一次性勾线笔、油性光油、牙刷。

- 申内利尔基础色粉：红色 791 号、棕色 6 号、朱红色 681 号、冷棕色 191 号。

- 温莎·牛顿丙烯颜料：肉色 210 号、深红色 250 号、马斯黑色 630 号、永固红色 240 号。

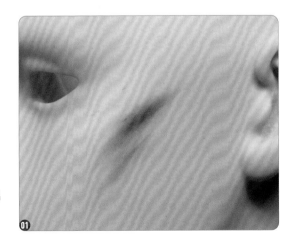

01 使用圆扁头细节刷蘸取棕色 6 号，在面部绘制出伤口的大致形状和走向。

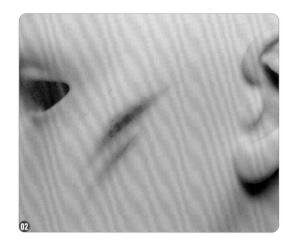

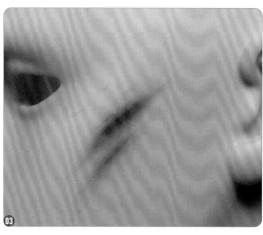

02 蘸取红色 791 号，叠加加深伤口的轮廓，并进行自然过渡。

03 蘸取冷棕色 191 号，着重加深伤口中间的部分，绘制出这块皮肤被切开后的阴影感。

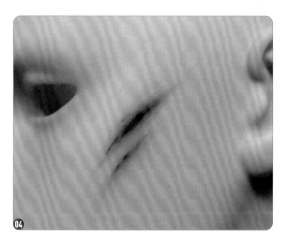

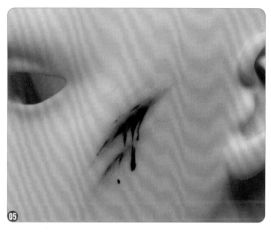

04 用面相笔蘸取少量稀释过的永固红色 240 号绘制切开的伤口。注意，伤口的轮廓不规则，可以叠加线条，尽量不要出现明显且平顺的轮廓线条。

05 在永固红色 240 号中加入少量马斯黑色 630 号，调出偏暗的红色，绘制伤口的血迹。

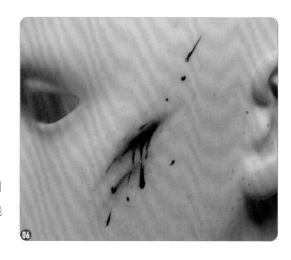

06 遮挡面部的其他部位，只露出伤口的部分，用牙刷蘸取稀释过的永固红色 240 号，对准头模喷刷出飞溅的血迹颗粒，然后用面相笔画出飞溅的血液。

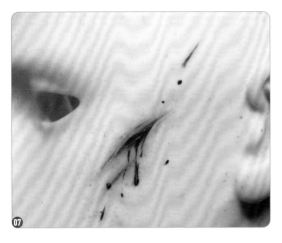

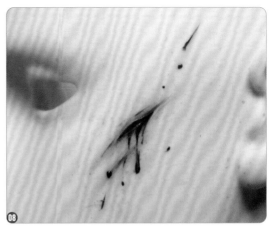

07 用面相笔蘸取稀释过的肉色 210 号，增加伤口的不规则细节轮廓线条，以体现皮肤被划开的效果。

08 用一次性勾线笔蘸取油性光油，给伤口、飞溅的血珠绘制高光，可以在干透后再涂抹一层，制作血液凝固后的立体效果。

2. 立体伤口的画法

妆前工具：丙烯塑形膏、圆扁头细节刷、面相笔、一次性勾线笔、油性光油、牙刷、圆头棉签。

83　　　　406

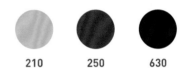

210　　250　　630

● 申内利尔基础色粉：肉色 83 号、暗红色 406 号。

● 温莎·牛顿丙烯颜料：肉色 210 号、深红色 250 号、马斯黑色 630 号。

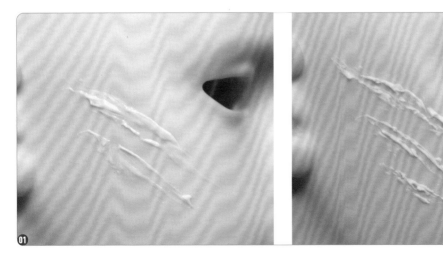

01 用一次性勾线笔蘸取适量的丙烯塑形膏，制作出皮肤被野兽利爪抓伤的效果，边缘尽量不规则，表达皮开肉绽的效果。可以用圆头棉签晕染用水稀释过的丙烯塑型膏，以使丙烯塑型膏和头模表面衔接自然。

02 等丙烯塑形膏完全干透后，用圆扁头细节刷蘸取肉色83 号，在面部晕染伤口的大致形状和走向，并自然过渡到皮肤。完全干透的丙烯塑形膏较硬，质感和树脂相近。

03 蘸取暗红色 406 号，叠加加深伤口的轮廓，并进行自然过渡。

04 在深红色 250 号中加入少量马斯黑色 630 号，调出偏暗的红色，用面相笔填充切开的伤口部分，注意伤口的轮廓不规则。

05 遮挡好面部的其他部位，只露出伤口的部分，用牙刷蘸取稀释过的深红色 250 号，对准头模喷刷出飞溅的血迹颗粒，然后用面相笔画出飞溅的血液。

06 用一次性勾线笔蘸取油性光油，给伤口、飞溅的血珠画上高光，待干透后再涂抹一层，制作血液凝固后的立体效果。

3. 凝胶皮肤肌理

要制作更细腻、更接近真人皮肤质感的肌理效果，可以使用高登肌理凝胶的薄胶搭配化妆海绵来完成。

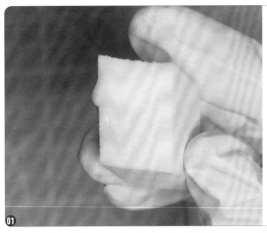

01 用化妆海绵蘸取丙烯罩光剂，在头模上均匀按压铺开，注意面部凹陷处也要按压，多次重复直至表面全部按压均匀、湿润即可。

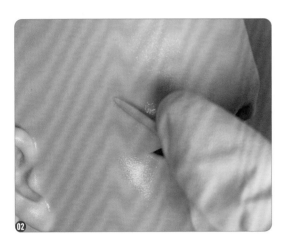

02 仔细检查是否有落灰，有则用牙签或针及时挑出，等干透后再挑灰尘会在表面留下痕迹。

03 在干燥环境下自然风干 20~30 分钟，有烘干设备的每层 5~10 分钟。由于每个地区的湿度和温度不同，以表面完全干透后形成一层半亚光质地的油光薄膜为准。注意，凝胶干透后仍会有轻微黏性，容易沾灰，须在仔细检查确保没有灰尘后喷一层消光保护漆进行防护。

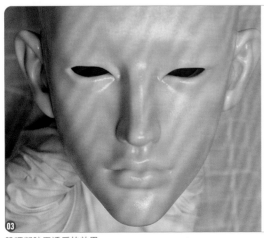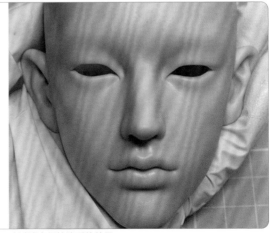

肌理凝胶干透后的效果　　　　　　　　　喷过消光保护漆后的效果

5.7.4 泪痕和泪水

泪痕和泪水是 BJD 妆容中经常使用的，两者的不同组合会产生不同的情绪感染力，给人以委屈、楚楚可怜的视觉效果。

平面泪痕和立体小泪珠

半立体泪痕和立体大泪珠

泪痕：比泪珠更平面，是眼泪流过产生的水痕，使用水性光油或少量油性光油直接绘制即可。在泪痕的末端叠加制作立体泪珠，会让整个效果更为自然、真实。

泪水：分为充盈在眼眶的泪水和滴落在面颊上的泪珠。需要使用较多的油性光油制作出立体效果。

1. 妆前工具

一次性勾线笔、油性光油、水性光油。

2. 步骤演示

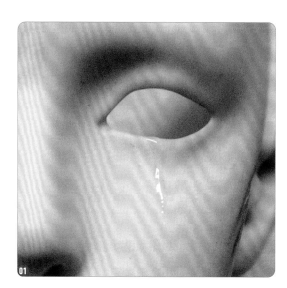

01 用一次性勾线笔蘸取少量的水性光油，从眼眶往脸颊画出半立体泪痕。眼眶内的光油可以稍多，泪痕的画法为上宽下窄，越往下越细。

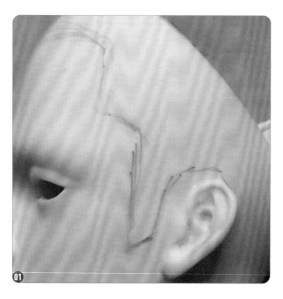

01 用接近肤色的水溶性铅笔定好位置（为方便读者理解此处使用红色），注意绘制时从正面、侧面多角度观察定位。

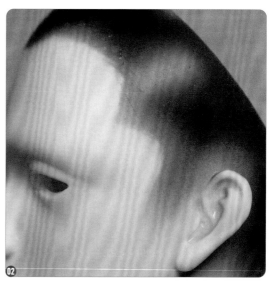

02 将稀释过的黑色水性模型漆倒入喷笔，使用喷笔喷绘出定位好的鬓角和发际线轮廓，注意越接近面部颜色越浅，耳朵、眼部等喷绘时要用手遮挡。等模型漆全部干透后，用擦擦克林蘸水轻轻将草稿线条擦去。

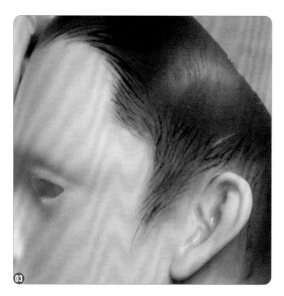

03 参考真人的毛发走势，用面相笔蘸取稀释过的马斯黑色630号，绘制出主要的鬓角和发际线毛发主线条。

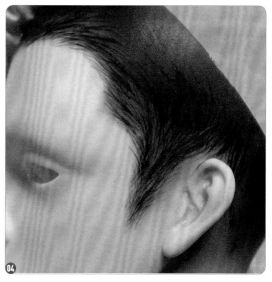

04 用面相笔交错画出毛发细节线条，加密鬓角和发际线。

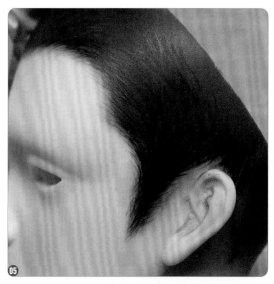

05 使用圆头晕染刷蘸取棕色 191 号填充鬓角和发际线，靠近面部的衔接部分自然过渡。使用斜角平头刷蘸取黑色 513 号叠加晕染鬓角和发际线的颜色。

06 用面相笔蘸取马斯黑色 630 号绘制面部衔接处的杂毛，填补足够的细节线条。用面相笔蘸取稀释过的钛白色 710 号，在靠近面部的衔接处和鬓角内绘制毛发细节高光线条，增加细节变化感。

第 **6** 章

花纹的设计与绘制

花纹的创作思路 　｜　 花纹贴纸及使用方法 　｜　 对称花纹的画法 　｜　 寡宿·朝露昙花面纹

花纹图案经常出现在模型妆容中，其作用和在真人妆容中的作用相仿：简单的小面积花纹起点缀作用，复杂的大面积花纹表达特殊主题。花纹没有位置和图案局限，只要根据自己的喜好进行发挥和创作即可。

烛九阴·昼神，代表"阳"

烛九阴·夜神，代表"阴"

同理，许多道具类（如乐器、武器、摆件等）、小宠物类 BJD，只要有绘制图案的需求，使用的绘画技法同花纹一样，不过，在材质方面可以追求更多不同的表达方式和装饰搭配。

当然，花纹并不局限于用笔绘制，也可以直接搭配使用市面上流通的各类花纹贴纸和装饰品——不但可以大幅度地降低绘制图案的难度，还可以增加整个图案的材质变化感、细节性和艺术性。总之，在花纹图案的创作中，尽量不要局限于单一的元素或材质。

不要过量堆砌花纹贴纸或者各类装饰品，这将会导致妆容显得非常杂乱和繁复。如果让装饰部分成了整个妆容的视觉主体，则是一种本末倒置的做法。

最常见的花纹，一类是面部花纹，简称面纹，指在头模面部进行图案的设计和绘制。

另一类是身体花纹，简称体纹，一般在手、足、背部、胸口、手臂等位置。

面纹和体纹的创作及绘制方法是一样的，只是位置不同而已。花纹的创作需要一定的思路，盲目绘制和直接生搬硬套都不是最佳选择。对足够多的元素进行筛选、重组、再设计和创新才是绘制花纹的乐趣所在。

创作思路和方法如下。

01 确定主题，寻找相应的参考。参考方向很多，不要局限于真人文身，也可以是各类矢量图、布料图案、刺绣、纹章、白描图、插画、艺术字休等。

02 总结主要元素，一般确认 1~2 个主要元素足矣，其他留作备用（在创作过程中和主要元素进行互动和发散，起到衬托和装饰作用即可）。切记元素不要过多，否则会使整个图案变得非常混乱，没有视觉焦点。

03 绘制完花纹后，对整个花纹和妆容进行统一的调整和点缀，补充不足的部分，去除繁复多余的部分。

下面分享一个案例的创作思路。

01 一说到天使，自然会联想到中世纪油画中绘制的天使、教堂、天使翅膀、天堂、光芒感、神圣感等，然后按照这个方向选择参考资料。

02 从参考资料中总结元素：白色翅膀、飘带、云朵、金色的花纹装饰、天使光环等。确定主要元素，我选择了翅膀和十字作为主要元素，并且由于妆容的眉眼部分主体比较突出，我将翅膀进行了简化，以免花纹部分过于抢眼；十字使用了金属光环进行强调。

03 其他的元素作为辅助。将云朵放在脸侧，云朵的线条向额头中央的主要元素靠近，烘托"眉宇间即天堂"的妆容氛围感；飘带、金色装饰物像云间的星光一样呼应主题；再增加一些小闪光点，如珍珠，可以完善整个妆容的"光感"，但不会到抢眼的程度。

6.2 花纹贴纸及使用方法

市面上的各类花纹贴纸按材质划分可分为两大类：水贴类花纹贴纸和背胶类花纹贴纸。

水贴类花纹贴纸：也称水贴纸，有烫金、数码转印、镭射、夜光等工艺，都需要用水将贴纸上的图案转印到模型上。

背胶类花纹贴纸：背面有胶，可以直接贴在模型上，也可以用来辅助绘制花纹。

装饰品的种类更多，只要是大小合适或者经过加工后大小合适的装饰品都可以用来做点缀。推荐美甲饰品，因为大小、款式、材质都更适合模型化妆用，不一一赘述。

6.2.1 水贴类花纹贴纸 视频

本节总结了 BJD 妆容中常用的几种水贴类花纹贴纸及对应的特性，可以按照自己的喜好进行选择和使用。

1. 数码印花水贴纸

这是最传统的真人和美甲花纹贴纸。真人花纹贴纸的大小需要修剪，适合贴到 BJD 胸口、背部等大范围部位；美甲花纹贴纸适合贴在 BJD 锁骨、耳后、脚踝、手指等小范围部位。选择时，尽量挑选印刷清晰的，有很多花纹贴纸的印刷纹明显，清晰度很低，不适合在 BJD 上进行转印。

2. 烫金水贴纸

这类花纹贴纸具有金属光泽，但没有金属背胶贴纸的厚度，放置时间久会变暗或掉色，需要贴后使用光油固色。要尽量贴住外轮廓裁剪，否则时间久了，多余部分的胶也会泛黄。

3. 美甲浮雕水贴纸

这类浮雕质地水贴纸背面的胶水可遇水溶解。由于浮雕图案外轮廓复杂且有镂空部分，需要对贴纸进行精细的修剪，这样贴后才能达到更好的效果，有一定的操作难度。

4. 高达模型类水贴纸

这是精细度极高的花纹贴纸，有固定的规格，是非常适合用于点缀未来主题、机器人、编号代码等特殊主题的花纹贴纸。

烫金水贴纸

美甲浮雕水贴纸

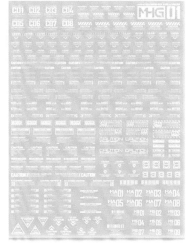

高达模型类水贴纸

5. 水贴类花纹贴纸的使用方法

视频

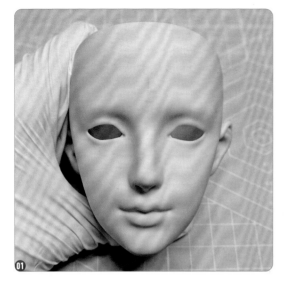

01 用浅色水溶性铅笔在头模上标记好中线和想要贴花纹的位置底线。为了方便看清，水溶性铅笔使用了明黄色，在正式操作中可以选择和肤色最贴近的颜色。因为在花纹贴纸内的标记线是无法擦除的，所以也可以贴配饰遮住标记线。

02 选择大小合适的花纹，顺着图案的边缘，将图案剪下来。

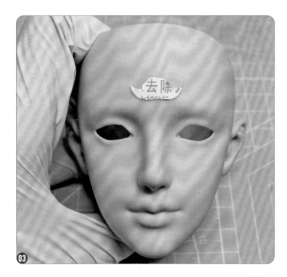

03 将花纹贴纸放在需要贴的地方，可以先在花纹贴纸背面标记花纹贴纸的中线，和面部中线对齐，撕掉正面的透明膜，按定位线贴合在头模上。注意手法，要从一边按着贴到另一边，花纹贴纸和模型贴合处不能有气泡或落空的部分。

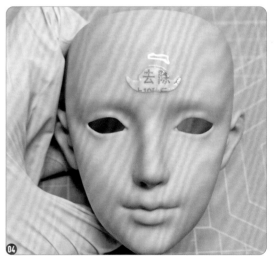

04 在花纹贴纸背面涂上水，用手均匀按压，在头模上停留 5~10 秒。

05 在花纹贴纸湿润的情况下，从边角慢慢撕下。如果发现有没贴合的部分，可以用撕下的花纹贴纸的底纸光滑面重新按压到头模上，使之贴合。

06 用纸巾轻按，将多余的水擦干，不要揉搓花纹贴纸。等干透后喷一层消光保护漆定妆，以免边缘翘起或被蹭掉。

━━━━━━━━━━━ 小贴士 ━━━━━━━━━━━

如果贴错或者贴歪花纹贴纸，可以用酒精棉片敷在花纹贴纸的位置 10~20 秒后擦除，一般用 4~5 张酒精棉片就可以完全擦拭干净。

6.2.2 背胶类花纹贴纸 视频

背胶类花纹贴纸就是背面有胶的花纹贴纸。

1. 烫金 / 立体金属软贴纸

这类切割好的花纹贴纸背面有胶，可直接贴于 BJD 上，注意有些金属贴纸是有韧性的，可能不适用于曲面。

烫金质地

软金属质地

2. 美甲镂空贴纸

这类花纹贴纸是塑料防水材质的，背面有胶，可以贴在 BJD 上，在贴纸镂空部分进行填色，撕下贴纸即可在 BJD 上得到想要的图形。

3. 背胶类花纹贴纸的使用方法　视频

对于普通的背胶类花纹贴纸，直接用镊子取下贴在 BJD 上即可。

美甲镂空贴纸具有特殊性，撕下来的部分可直接贴上作为装饰品，镂空部分可以用来辅助绘制面纹。

视频

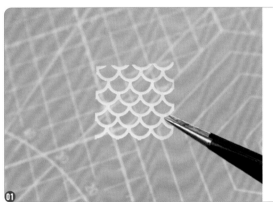

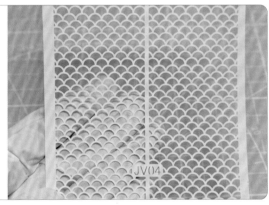

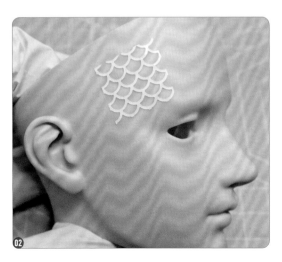

01 选择大小合适的美甲镂空贴纸，太大的贴纸需要修剪，太小的则需要拼贴衔接。

02 将贴纸从透明膜上取下，贴合在头模上。注意手法，要从一边按压着贴到另一边，贴纸和头模黏合处不能有气泡或落空的部分。

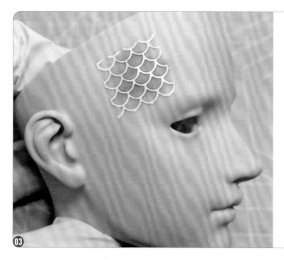
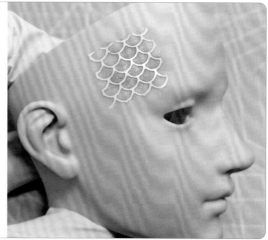
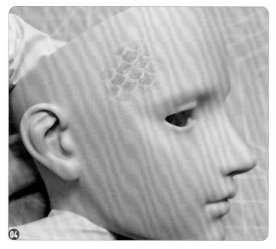

03 用色粉、丙烯颜料、光油、闪粉、珠光模型漆等对镂空区域进行填充，越靠近贴纸边缘的部分越浅，这样在撕下贴纸后才不会有很生硬的过渡线。

04 上色完成后，撕掉贴纸并检查图案的完整性和美观度，然后决定是擦除还是补笔。全部完成后，喷一层消光保护漆定妆。

6.3 对称花纹的画法

　　全对称的花纹在妆容中十分常见，同眉毛一样，凡涉及需要确认对称性的图案，都可以通过胶带和软尺等工具辅助进行定位和绘制。值得一提的是，额头部位的全对称花纹在古风妆容中尤其常见，称为花钿。不同朝代有其特有的花钿形式，可以参考各类史料等还原历史上的花纹形状。当然，也可以在花钿的基础上进行色彩、材质、装饰风格的变化，绘制出创意花纹。

　　下面总结了一些花钿类花纹以供参考。

以额头简单的对称花纹作为示范，展示定位点和定位线的基本确定流程。当应用在不同的部位时，使用相同的方式找到对称轴，借助工具按照示范方法完成即可。

妆前工具：水溶性铅笔、3mm美纹胶带、软尺、棉签、面相笔。

● 温莎·牛顿丙烯颜料：永固红色240号。

240

01 额头花纹一般以眼眶或眉骨为基准，使用美纹胶带平行于眼眶或眉骨水平贴在额头上，美纹胶带的下边为想要绘制花纹的底边。

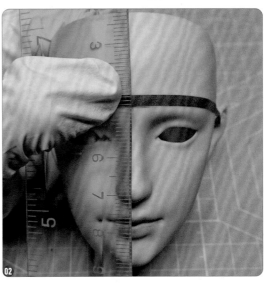

02 找到鼻子中点，用软尺贴住额头，过鼻子中点，垂直于美纹胶带一边，用水溶性铅笔画出面部中线。

03 平行于第一条美纹胶带，再贴一条美纹胶带，中间的距离为想要花纹的高度。

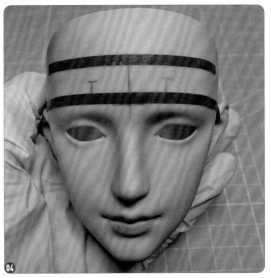

04 以面部中线为中间轴，用软尺量出相同的宽度和高度，分别在中间轴两侧画出定位点和定位线。

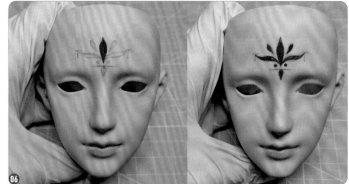

05 撕掉美纹胶带，按照定位线画出想要的花纹，根据花纹的复杂程度确定定位点的数量。

06 用面相笔蘸取永固红色 240 号，在图形边框内平涂填充花纹。

07 等丙烯颜料全部干透后，用水将定位点和定位线擦除，擦除过程中有可能擦掉部分丙烯颜料，只要等水干透后再对花纹的外轮廓进行补笔、内部平涂完善即可。

6.4 寡宿·朝露昙花面纹

花纹的画法和眼部画法很接近，首先按照 6.1 节的创作思路进行花纹的设计，然后用水溶性铅笔在头模上画出草稿，使用各种绘画上色工具绘制出花纹的主要块面和线条，最后进行细化和点缀。

#87737E

#D6AC90

#DBCDCD

#8D8485

#858192

本案例以"昙花"为灵感来源,进行面纹的绘制步骤示范。

6.4.1 灵感分析

为契合寡素面具"将转瞬即逝的美固定"的概念,在构思这套妆容时,一想到转瞬即逝的美,我的脑海中立刻浮现的就是在月光下安静绽放的昙花画面。所谓"八千年玉老,一夜枯荣",这套妆容希望呈现出昙花绽放到顶的状态。所以,在收集参考资料的时候,搜索"昙花""月光"等相关的摄影作品、国画和手工花工艺品。

从收集到的参考资料中总结元素:昙花的花瓣形状、昙花的花瓣颜色、昙花花须的形态、昙花的花蕊、夜晚的露珠、月光的朦胧感等,具体的画面表现也在构思过程中逐渐清晰。

我选择了昙花的花瓣、花须作为面纹的主要元素,露珠、花蕊则作为辅助元素对面纹进行点缀。至于夜晚月辉洒下的感觉,我准备通过在整个花纹色调上盖一层薄透的冷蓝色,再扫上银白色闪粉来表达。

6.4.2 妆前工具

消光保护漆、1.1cm 拉线笔、榭得堂 00000 号面相笔、一次性勾线笔、腮红刷、斜角平头刷、水性光油、牙签、UHU 胶、美甲饰品若干、擦擦克林、尖头镊子、白色水溶性铅笔。

356　　333　　257

710

● 申内利尔基础色粉：浅蓝色 356 号、紫色 333 号、蓝色 257 号。

● 温莎·牛顿丙烯颜料：钛白色 710 号。

● 银白色细闪粉、金色细闪粉、紫绿光颗粒闪粉、马利金色丙烯颜料。

6.4.3 步骤演示

1. 晕染底色

01 画好面部基础底妆，用腮红刷蘸取浅蓝色 356 号晕染出主要花纹的底色，然后叠加晕染一层蓝色 257 号。注意晕染过渡均匀。

02 用斜角平头刷蘸取浅蓝色 356 号，在面部绘制花瓣形状，并填充面部所有鸟尾部分，用紫色 333 号叠加晕染填充花瓣和鸟尾中间段到根部。喷一层消光保护漆定妆。

03 用斜角平头刷蘸取浅蓝色 356 号将另一边要画的花瓣底色形状也绘制好，用紫色 333 号叠加晕染靠近眼尾的花瓣根部。喷一层消光保护漆定妆。

2. 绘制所有主线条

01 使用白色水溶性铅笔将花纹草稿绘制出来。用拉线笔蘸取稀释后的钛白色 710 号，在水溶性铅笔的草稿上画出面纹部分的昙花花瓣主线条。注意线条的顺滑和粗细变化，花瓣尖处可以稍微加粗。

02 等全部干透后，用擦擦克林蘸水轻轻地把水溶性铅笔草稿擦除。根据图案的完整性和美观度画出其他花瓣及花须的线条，注意线条的叠加和线条的深浅变化。

3. 装饰并调整花纹图案

01 用面相笔蘸取稀释后的马利金色丙烯颜料，在鸟尾及昙花面纹上画出装饰性细节线条。金色线条主要表达的是花蕊，所以线条头部可以点出花蕊的形状。注意：金色花蕊只是用来点缀及丰富整个面纹的层次感和质感变化的，在适当的地方增加少量且细致的装饰性细节线条即可。

02 使用腮红刷在整个尾部及面部部分刷上银白色细闪粉，营造月光洒下来的氛围感。薄喷一层消光保护漆定妆。

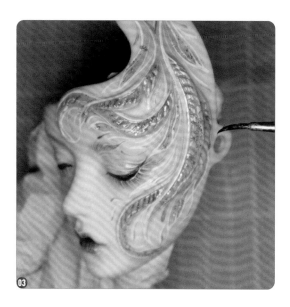

03 将金色细闪粉加入水性光油中，注意金色细闪粉不要过量，否则会改变光油的颜色。使用一次性勾线笔在花瓣和鸟尾部分刷上金粉光油，增加光泽度。蘸取紫绿光颗粒闪粉，在花瓣、鸟尾、花蕊部分进行点缀，根据自身审美发挥即可。注意强调质感变化和视觉焦点。

04 用牙签蘸取 UHU 胶点在合适的位置，用尖头镊子夹取一颗珍珠贴上，主要表达露水飞溅在花瓣上的效果，同时增加妆容的细节完成度和华丽感。

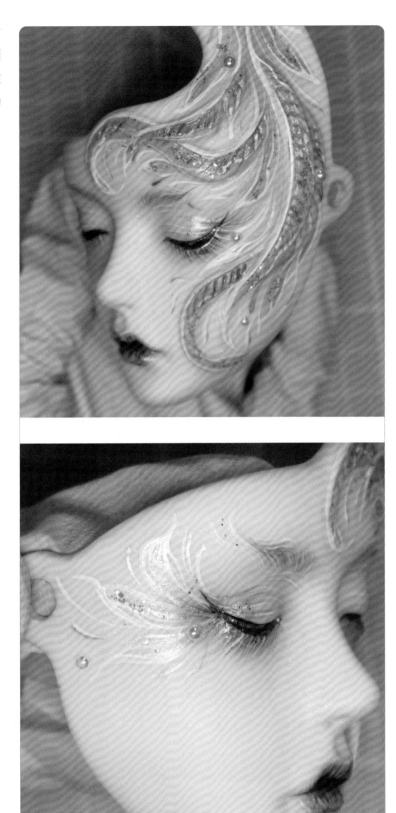

第 **7** 章

BJD妆容绘制案例

重肌理真人·微醺妆 ｜ 复古欧风·吸血鬼妆 ｜ 儿童肤质·白化妆 ｜ 梦幻仙气·白晶蝶

哥特暗黑·蓝翅夜蝶 ｜ 动漫 COS·角色仿妆 ｜ 古风面纹·寡宿

#ABBAB7   #8C5A4F   #F2D7D0   #C8918C   #694946

7.1.1 灵感分析

一提到"重肌理""真人风""野生感"妆容，就务必在绘制时突出真人的"瑕疵性"特点。所以本节以"微醺的男子"真人日常妆作为绘制主题，主要强调以下两点。

● 未经修剪的野生感眉毛，突出眉尾的杂毛，以及上、下睫毛的浓密性。

● 真人皮肤的颗粒感、毛孔感，以及微醺时面部的泛红质感，细节线条集中在唇部和眼部的皮肤的褶皱处。

7.1.2 妆前工具

消光保护漆、1.1cm 拉线笔、一次性勾线笔、圆扁头细节刷、圆头晕染刷、斜角平头刷、油性光油、黑色假睫毛、牙签、UHU 胶、牙刷、擦擦克林、尖头镊子。

16　7

● 捷克酷喜乐水溶性铅笔：蓝色 16 号、红色 7 号。

513　83　6　256　791　944

● 申内利尔基础色粉：黑色 513 号、肉色 83 号、棕色 6 号、薄荷绿色 256 号、深红色 791 号、粉色 944 号。

210　240　530　630　710

● 温莎·牛顿丙烯颜料：肉色 210 号、永固红色 240 号、熟褐色 530 号、马斯黑色 630 号、钛白色 710 号。

7.1.3 步骤演示

1. 晕染底妆

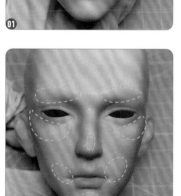

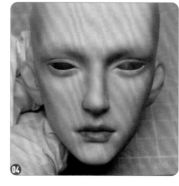

01 使用消光保护漆在模型上喷一层底妆隔离，用圆头晕染刷蘸取肉色 83 号加深面部五官区域。注意加深部位的准确性，巩固基本功及对面部结构的理解。

02 用圆头晕染刷蘸取粉色 944 号，局部晕染出眼尾眼影，以及微醺时面部所有泛红的区域，尤其是额头、鼻梁及面颊部分。

03 用薄荷绿色 256 号绘制所有的冷色区域，强调整个面部的冷暖色对比。

04 用圆扁头细节刷蘸取棕色 6 号，着重小范围加深眼眶的三角区域、双眼皮、卧蚕、鼻底及嘴唇的底色。喷一层消光保护漆定妆。

05 用牙刷蘸取稀释过的熟褐色 530 号，喷刷出第 1 层基本皮肤毛孔瑕疵的肌理。注意全部干透后再喷第 2 层。

06 用蓝色 16 号和红色 7 号水溶性铅笔绘制面部隐约的血丝（这一步是为了巩固第 5 章的内容），用擦擦克林按压柔化血丝纹路，完成后，喷一层消光保护漆定妆。

2. 绘制所有主线条

01 用拉线笔蘸取稀释后的熟褐色 530 号，填充整个上内眼眶，并画出下睫毛的阴影线条（因为真人风浓密的下睫毛是特色之一，所以下睫毛阴影也需要浓一些）。同时，用简单的线条加深双眼皮的褶皱线。

02 使用"渗线法"画出唇线，唇角无须特别绘制，太明显的唇角会破坏真人风的自然感。

03 用拉线笔蘸取稀释过的肉色 210 号绘制眼部的双眼皮高光和眼角下的褶皱线，进行简单的提亮，同时画出唇纹的主线条。

 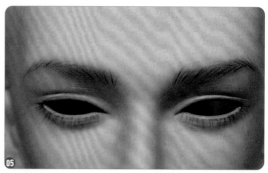

04 在肉色210号中加入少量永固红色240号，调出较深的肉粉色，填充下眼眶。用斜角平头刷蘸取黑色513号，根据讲过的眉毛的定位方法画出眉毛的大概轮廓。注意用色粉绘制的基本眉形颜色不要太深，若出现不对称的情况及时用擦擦克林擦除，重新定位再绘制，直至对称。

05 用拉线笔蘸取稀释过的马斯黑色630号，以色粉绘制的眉形轮廓为参考基准，绘制眉毛的生长主线条。保持总体有序，但又有几根跳脱出来，不按生长方向生长的感觉是最合适的。

 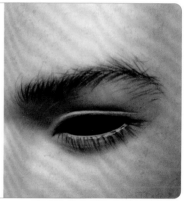

06 以主线条为基准，绘制加密的细节线条。野生感眉毛的特色是有杂毛，所以在绘制眉毛细节线条的时候，生长朝向可以不用都顺着一个方向，应总体有序又有几根跳脱出来。在靠近眼尾的部分绘制杂毛以突出野生感。完成眉毛后绘制出下睫毛的主线条。

07 用斜角平头刷蘸取黑色513号，前浅后深，着重加深眉毛中后段，完善眉形。喷一层消光保护漆定妆。

3. 绘制所有高光和细节线条

01 用拉线笔蘸取稀释后的钛白色 710 号，画出双眼皮、眼窝、眼角、眉毛、睫毛的所有细节线条。白色线条是对主线条的补充和强调，由于是真人风的细节线条，因此以自然为准，色彩明度不宜过高。为了突出野生感，细节线条的画法也可以自由一些。

02 用牙刷蘸取稀释得比较浓的熟褐色 530 号，喷刷第 3 层雀斑类的肌理。这层所用的丙烯颜料比较浓，不要喷得过多，每次少量、多次喷，注意美观度，之后用蘸水的棉签及时擦除不需要的斑点。

03 用一次性勾线笔蘸取油性光油，按照下唇纹的方向画出立体唇纹。同时涂抹完下眼眶的高光，在涂抹时可以涂到眼眶外部一点，给人以微醺后眼部湿润的感觉。

04 用牙签蘸取适量的 UHU 胶涂在眼眶内，用尖头镊子夹睫毛贴上头模。本次妆容比较浓，眉毛和下睫毛也都较浓密，选择密度较大的黑色假睫毛更符合妆容主题。

05 根据整体妆容的视觉效果，用面相笔最后一次加强整个妆容的细节线条。由于加了黑色睫毛，下睫毛和眉毛的颜色显得不够浓重，原本的野生感弱化了，因此选择着重加深眉毛和下睫毛。注意不要全部加深，着重加深毛发的根部，以增加浓密的层次感。喷一层消光保护漆定妆。

#9E7271 #422220 #6F454C #B38B81 #A2AEAE

7.2.1 灵感分析

　　吸血鬼拥有让人不可抗拒的神秘与美丽，是奇幻作品里的经典角色。本妆容灵感源自传统的吸血鬼形象，在构思时参考了《夜访吸血鬼》等经典影视作品。古典吸血鬼通常以贵族身份出现，仿佛宫廷里装饰用的干玫瑰花，高贵、古典、精致中带着一丝颓败，苍白的皮肤下透出若隐若现的血管，眉眼中带着慵懒和傲慢。唇下微微露出的獠牙和嘴角的暗红色液体是本套妆容设计的重点，在增加生动感的同时体现了吸血鬼的特性。要点在于流露的液体不宜过多，要符合贵族的优雅设定。

　　本节演示了如何绘制微真人风的西方吸血鬼男子形象（精心打理过的毛发、皮肤苍白的透明感、皮下血管的自然透出是这个妆容的主要特点），同时也演示了如何在平面嘴唇上绘制尖锐的犬齿和血液的方法。

　　由于是吸血鬼主题，在绘制的过程中刻意降低了整个妆容色彩的饱和度和明度，以制造一种褪色、颓败的复古感。

7.2.2 妆前工具

　　消光保护漆、1.1cm 拉线笔、一次性勾线笔、自动铅笔、圆扁头细节刷、圆头晕染刷、美甲平头刷、水性光油、UHU 胶、黄色假睫毛、擦擦克林、尖头棉签、牙刷。

● 捷克酷喜乐水溶性铅笔：蓝色 16 号、红色 7 号。

● 极光粉：粉白底色、偏色为绿色款。

● 温莎·牛顿丙烯颜料：永固红色 240 号、生褐色 540 号、钛白色 710 号、熟褐色 530 号、马斯黑色 630 号。

● 申内利尔基础色粉：土黄色 127 号、浅棕色 439 号、浅蓝色 356 号、肉色 83 号、棕色 6 号、薄荷绿色 256 号、深红色 791 号、粉色 944 号、墨绿色 158 号。

7.2.3 步骤演示

1. 晕染底妆

01 使用消光保护漆在头模上喷一层底妆隔离，然后用圆头晕染刷蘸取肉色 83 号，加深面部五官区域和耳朵的结构，注意加深部位的准确性。由于整个妆容呈现的视觉感应该是明度较低的，因此颜色不宜过深，只要淡淡打一层底，起到稍微加深五官的效果即可。

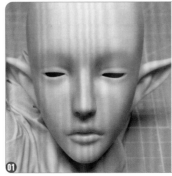

06 在熟褐色 530 号中加入少量马斯黑色 630 号，加深眼线、双眼皮和眉毛的细节线条（主要加深眉毛根部，以增加眉毛的层次感），然后绘制出下睫毛的主线条（本案例绘制的是自然密度的下睫毛）。

07 在肉色 83 号中加入少量永固红色 240 号调出较深的肉粉色，填充下眼眶。由于是吸血鬼设定，下眼睑的颜色可以深一些，给人一种下眼眶泛红的感觉，可用色粉局部加深晕染眼头和眼尾。

3. 绘制所有高光和细节线条

01 用拉线笔蘸取稀释后的钛白色 710 号，画出双眼皮、眼窝、眼角、眉毛、睫毛，以及高光唇纹的所有细节线条。白色线条是对主线条的补充和强调，在浅色系妆容中直接使用白色并不会显得突兀，可以用明亮的白色来绘制毛发细节线条，以更好地起到提亮的作用。

02 用牙刷蘸取稀释得比较浅的熟褐色 530 号，喷刷出一层基本的皮肤肌理。由于吸血鬼的皮肤如白瓷般，很少有瑕疵，所以让牙刷距离头模远一些，从而喷刷出更细密的肌理颗粒。做到远看皮肤上没有瑕疵，但是近看又有浅浅一层肌肤颗粒的感觉最佳。

03 按照第 5 章绘制毛细血管的方法，用蓝色 16 号和红色 7 号水溶性铅笔绘制面部和耳朵隐约的血丝，每完成一层薄喷一层消光保护漆定妆，一共制作 3 次，直到整个面部远看没有特别明显的血管，近看皮肤上全是隐隐约约的毛细血管即可，营造皮肤薄透的感觉。

04 用红色 7 号和蓝色 16 号水溶性铅笔着重在面颊侧面、耳朵靠近耳朵尖的位置叠加交错绘制几根比较明显的毛细血管，然后用擦擦克林按压柔化，注意这几根线条的颜色要高于整个底层毛细血管肌理的颜色，以达到画龙点睛的效果。完成后喷一层消光保护漆定妆。

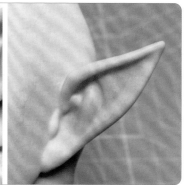

4. 绘制牙齿和血液

01 用自动铅笔在下唇定位好吸血鬼牙齿的位置，要从多角度观察，不要过分靠边或者靠近，也不要太长或者太短。完成后用面相笔蘸取钛白色 710 号绘制出犬牙。

02 用红色 7 号水溶性铅笔定位唇角的血痕，和绘制眼泪一样，唇角的血迹沿着嘴唇和面部流下，只需要一条较为明显的主要血痕即可。确定后用面相笔蘸取永固红色 240 号画出血痕，在整个唇缝上、下用笔锋不规则地蹭上血痕，在唇角的部分可以局部增加一些血液。

03 绘制飞溅的血珠，以及嘴唇上血液的残留，营造血液溅到面部上其他部分的视觉效果。

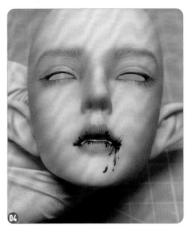

04 用面相笔蘸取稀释过的钛白色 710 号，深入到唇缝中，绘制出一排牙齿，然后和两边定位好的犬牙连在一起，同时提亮犬牙。注意，绘制牙齿的颜料不可以稀释得太稀薄，否则会出现画完没有明显颜色或水分太多残留在唇缝中的情况，只要稍做稀释即可。在绘制过程中有颜料蹭到嘴唇其他位置的时候，应拿尖头棉签蘸取清水立刻擦拭干净。

05 观察整个面部妆容进行最后一次细节调整。用墨绿色 158 号加深眉毛后 2/3 段，加强眉毛的浓密度；加深双眼皮褶皱和卧蚕的阴影，让整个妆容色彩的明度再一次降低。然后用美甲平头刷蘸取极光粉，在整个面部均匀地扫。喷一层消光保护漆定妆，待干透后用水性光油提亮眼皮、嘴唇及血液部分，并贴上黄色假睫毛。

7.3 儿童肤质·白化妆

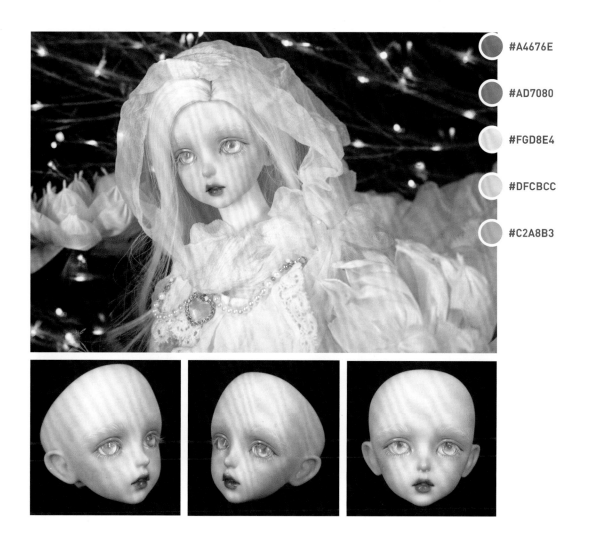

#A4676E

#AD7080

#FGD8E4

#DFCBCC

#C2A8B3

7.3.1 灵感分析

　　"白化风"妆容是一种常见的真人风特殊妆容。相对于真人风的"野生感"和"瑕疵性"，白化妆更突出白化病的"病理性"。无论是人类还是动物，在发生白化后都有几个常见的特点，掌握并强调这几个特点就能简单而快速地完成白化妆。本节以"白化"的儿童作为绘制妆容的主题，主要强调以下两点。

　　第1点：白化皮肤肌理的通透感有别于吸血鬼妆容中皮肤无瑕的瓷白质感，白化妆的面颊、额头、眼部肤色不均、布满较为明显的红血丝，并且整体肤色偏冷，而由于皮肤很白，眼部、面颊、嘴唇看起来比一般人更红。

　　第2点：白化者的毛发比普通人的更柔软，为纯白色，儿童的毛发又有别于成人的，柔顺服帖，所以在绘制妆容时要着重刻画眉毛、睫毛的毛绒感。

7.3.2 妆前工具

消光保护漆、自制笔刷、0.9cm 拉线笔、榭得堂 00000 号面相笔、一次性勾线笔、腮红刷、圆扁头细节刷、圆头晕染刷、斜角平头刷、美甲平头刷、水性光油、牙签、UHU 胶、尖头镊子、白色假睫毛、擦擦克林。

16　　7

● 捷克酷喜乐水溶性铅笔：蓝色 16 号、红色 7 号。

356　333　791　83　944

● 申内利尔基础色粉：浅蓝色 356 号、紫色 333 号、深红色 791 号、肉色 83 号、粉色 944 号。

● 银色闪粉。

240　530　710

● 温莎·牛顿丙烯颜料：永固红色 240 号、熟褐色 530 号、钛白色 710 号。

7.3.3 步骤演示

1. 晕染底妆

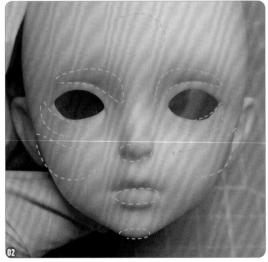

01 喷一层消光保护漆做底妆隔离，用圆头晕染刷蘸取肉色 83 号，轻柔地加深面部五官区域。

02 用圆扁头细节刷蘸取粉色 944 号，局部晕染额头、眼窝、尾眼、卧蚕、腮红、鼻尖、下巴、下唇等区域，注意过渡自然。

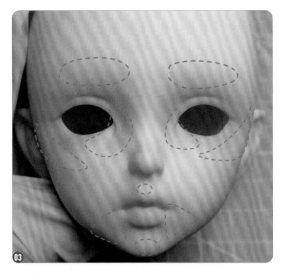

03 用紫色 333 号绘制所有的冷色区域，加强整个面部的冷暖色对比，将整个肤色的视觉效果调整成冷色调。眼窝、眼头和嘴唇两侧的面颊着重加紫，让整个面部的色调偏向于粉紫色。

04 复习第 5 章肌理制作的方法，用自制笔刷蘸取深红色 791 号在面部绘制出不均匀的肤色。用圆头晕染刷蘸取深红色 791 号，着重加深眼窝、眼尾、额头和下巴，大面积加深脸颊侧面，绘制出白化病病理性的面部泛红效果。用斜角平头刷晕染出嘴唇的底色。

05 用浅蓝色 356 号叠加晕染面部的冷色区域，喷一层消光保护漆定妆。

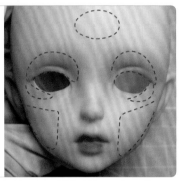

06 用蓝色 16 号和红色 7 号水溶性铅笔绘制面部隐约的红血丝，用擦擦克林按压柔化红血丝纹路，叠加绘制 2~3 层，直到整个面部布满隐约的红血丝，并且额头、面颊等处红血丝较多。薄喷一层消光保护漆定妆。

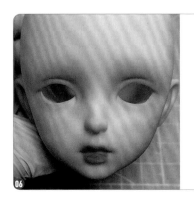

2. 绘制所有主线条和五官细节线条

01 用拉线笔蘸取稀释后的熟褐色 530 号，填充整个上内眼眶并画出下睫毛的阴影线条，睫毛的阴影线条按照正常的疏密绘制即可。注意儿童的睫毛更为柔软，所以可以用长短相间的线条绘制，不要画得太杂乱，给人睫毛服帖于下眼眶的感觉最佳。用"渗线法"画出唇线底色，并确认唇角的位置。

02 在熟褐色 530 号中加入少量永固红色 240 号，调出红棕色，用"渗线法"继续加深唇缝和唇角，然后画出第 1 层唇纹。

03 加深内眼眶，并画出自然下垂的眼线，凸显儿童眼部的无辜感。沿着头模的双眼皮痕迹画出双眼皮主线条和眼窝阴影线条。在双眼皮主线条的上下增加几条双眼皮线，表现双眼皮的褶皱感。由于白化病的病理性，尤其是眼角的皮肤较多，因此在眼头和眼尾增加一些细节线条，但不宜过多，过多会显得憔悴，不符合儿童的主题。

04 用拉线笔蘸取稀释后的钛白色 710 号，画出双眼皮、眼窝、眼角、卧蚕、下睫毛，以及高光唇纹的所有细节线条。增加白色线条可以让整个妆容有效提亮和增加细节感，注意绘制线条以弧线和贴合面部弧度为准，以免显得杂乱。

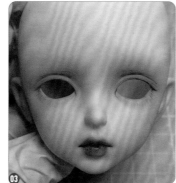

05 绘制眉毛主线条。儿童眉眼的距离较远，两个眉头之间的宽度也较大，选用下垂式的眉形会给人以天真、无辜的感觉。绘制眉毛主线条以柔顺的曲线为准，要顺着眼窝的弧度绘制。

06 另一种方法，如果直接绘制眉毛主线条容易出错，可以先用圆扁头细节刷打底一层粉色或紫色的眉形来辅助绘制眉毛主线条及轮廓，再绘制眉毛的主线条。

07 加密眉毛细节线条。注意儿童眉毛可以用许多短的弧线顺着眉毛的走势来进行加密，这样可以有效增强毛绒感。

08 用另一种色粉打底的画法绘制的眉毛，在补充了白色眉毛加密线条后，会让整条眉毛更明显，但是没有第一种方法画出的眉毛看上去那么干净自然。两种方法均可，按照自己喜欢的视觉效果来选择方法即可。

09 再绘制一层眉毛加密线条，突出眉毛浓密柔顺的绒毛感。喷一层消光保护漆定妆。

3. 绘制所有高光和细节线条

01 使用腮红刷蘸取银色闪粉均匀地刷在整个头模上，包括耳朵。用美甲平头刷着重在眼头、鼻头、唇峰上点缀闪粉，进行局部提亮。薄喷一层消光保护漆定妆。

02 用一次性勾线笔蘸取水性光油涂抹双眼皮、眼头、下眼眶、鼻尖及嘴唇。在涂抹下眼眶时，可以涂到眼眶外部一点，给人以眼尾湿润泛红、可怜乖巧的无辜感。

03 在眼眶内，用牙签蘸取适量的 UHU 胶，用尖头镊子夹取修剪好的白色假睫毛贴在眼眶内。注意睫毛不要贴得太翘，可以稍微下垂一些，这样在佩戴眼球后睫毛会更为明显，也更能显现白化妆的毛发白化的特殊感。

#8C3F46   #646F82   #ADB0A7   #9B8B95   #D99789

7.4.1 灵感分析

很早以前我就想尝试绘制一套以欧洲奇幻故事中的小仙女为主题的妆容，因此在我计划演示绘制一套双生主题的妆容时，就决定以白昼与黑夜的妖精为绘制妆容的主题。

在欧洲神话中，仙灵通常又称为小仙女或者妖精，是一种体态娇小、拥有蝴蝶翅膀、居住在魔法花园里的魔法生物。

这里要注意的是，构思双生主题的妆容的时候不要单独考虑让二者对立，而是在基于同一个主题的基础上进行分化，这样才能保证系列感。本次的小仙女妆容也是如此，无论是光主题还是暗主题，都是围绕妖精的概念，在蝴蝶和花丛为共同点的基础上去构思细节的。

白晶蝶的妆容是其中以白昼、光明为主的妖精妆容。 其视觉元素的灵感主要源自古罗马神话里的黎明女神欧若拉，传说她代表着黎明的第一道光，其所哭泣的泪珠则化为晨曦的露水。

因此，除了白晶蝶，还参考了晨曦、晨露，以及白水晶等元素，在色调上尽量以白色和粉蓝色为主，并选择加入珍珠和金银感的细小装饰点缀，增加层次感，力求让整个妆容呈现清晨时分似梦似幻的感觉。

欧若拉

元素提取

蝴蝶翅膀线条参考

色调参考

7.4.2 妆前工具

消光保护漆、1.1cm 拉线笔、榭得堂 00000 号面相笔、一次性勾线笔、腮红刷、圆扁头细节刷、圆头晕染刷、斜角平头刷、美甲平头刷、水性光油、牙签、UHU 胶、尖头镊子、白色假睫毛、美甲饰品若干、自动铅笔、擦擦克林。

16　　179

● 捷克酷喜乐水溶性铅笔：蓝色 16 号、紫色 179 号。

356　83　256　944　333　439

● 申内利尔基础色粉：浅蓝色 356 号、肉色 83 号、薄荷绿色 256 号、粉色 944 号、紫色 333 号、灰棕色 439 号。

● 粉蓝极光粉、金色细闪粉、镭射粉。

● 温莎·牛顿丙烯颜料：永固红色 240 号、熟褐色 530 号、马斯黑色 630 号、钛白色 710 号。

7.4.3 步骤演示

1. 晕染底妆

01 使用消光保护漆在头模上喷一层底妆隔离，用圆头晕染刷蘸取肉色 83 号加深面部五官区域，用粉色 944 号叠加晕染。注意加深部位的准确性，小仙女妆容要保持妆容干净，晕染时尽量保证色粉无颗粒、过渡自然。

02 用圆头晕染刷蘸取粉色 944 号，局部晕染额头、眼窝、眼尾、卧蚕、腮红、鼻尖、下巴、下唇部分。

03 用薄荷绿色 256 号绘制所有的冷色区域，强调整个面部的冷暖色对比。用肉色 83 号加强双眼皮的阴影、面部腮红，同时晕染唇部底色。

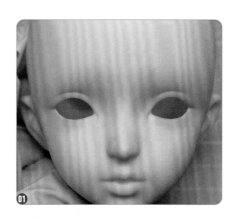

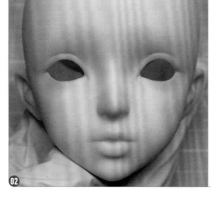

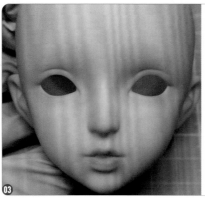

04 用浅蓝色 356 号叠加晕染冷色区域，丰富面部色彩。面颊侧面要绘制蝴蝶花纹，可晕染得深一些。喷一层消光保护漆定妆。

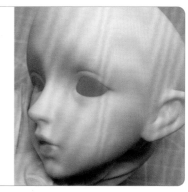

2. 绘制所有主线条和五官细节线条

01 用拉线笔蘸取稀释后的熟褐色 530 号填充整个上内眼眶，并画出下睫毛的阴影线条，睫毛阴影线条按照正常的疏密绘制即可，仙气感重的睫毛应绘制得稍长且灵动飘逸，可按照普通睫毛的画法将睫毛线条加长。沿着头模的双眼皮痕迹画出双眼皮主线条和眼窝阴影线条。在双眼皮主线条的上、下增加几条双眼皮线条，表现双眼皮的褶皱感。

02 用斜角平头刷蘸取紫色 333 号和灰棕色 439 号，在纸巾上混合匀化后得到明度较低的香芋色，画出眉毛的轮廓。注意在表达比较柔美的女性时，可以适当加宽两个眉头间的距离，选用下垂式的眉形，以使其更楚楚可人。

03 用拉线笔蘸取稀释过的熟褐色 530 号，绘制出眉毛、下睫毛、唇缝、唇纹、眼线主线条，加深双眼皮主线条。注意眉毛以色粉绘制的眉形的轮廓为参考基准，主线条可以绘制得细密一些，因为这种眉形的眉头形状是弯曲的，所以眉毛的线条也要以曲线的形式顺着眉头来绘制，以使其更美观。

04 用熟褐色 530 号增加细节线条，加密眉毛、下睫毛的层次，绘制眉尾的小杂毛。在肉色 83 号中加入少量永固红色 240 号调出较深的肉粉色，填充下眼眶，绘制第 2 层唇纹细节线条。

然后，用肉粉色继续加密眉毛后 2/3 段和下睫毛，加深双眼皮主线条，并绘制双眼皮细节线条。这样可以让整个眼部的色彩变化更为丰富，也让整个眼睛看上去红红的，仿佛刚哭过一样。

3. 绘制所有高光和细节线条

01 用拉线笔蘸取稀释后的钛白色 710 号，画出双眼皮、眼窝、眼角、眉毛、睫毛，以及高光唇纹的所有细节线条，增加白色线条可以让整个妆容有效提亮并显得更为清爽干净。在嘴唇的唇谷部位绘制高光线条，强调唇部的视觉焦点，使唇部显得更为精致。

02 使用腮红刷蘸取粉蓝极光粉，均匀地刷在整个头模上，包括耳朵。用美甲平头刷着重在眼头位置刷上粉蓝极光粉进行局部提亮。喷一层消光保护漆定妆，极光粉会暗淡一些，可作为整个皮肤的肌理来使用，表现仙女的皮肤每个毛孔都泛着光的感觉。

4. 绘制面纹

01 根据蝴蝶的照片总结出蝴蝶翅膀的线条结构和规律，用自动铅笔在面部绘制出面部两侧的蝴蝶翅膀花纹，注意总体图案的对称性（在细节上可以有区别，保持大致纹路的走向一致即可），然后用拉线笔蘸取稀释过的钛白色 710 号画出蝴蝶的主线条。

02 等颜料完全干透后，用擦擦克林蘸水轻轻将草稿擦拭干净，补全不平顺的主线条，增加细节线条。由于大部分图案都在侧面，导致正面在视觉上有点空，所以从眼下绘制一些类似蝴蝶触须的线条，可形似泪痕，以加强楚楚可人的气质。完成后在侧面额头也可以增加一些触须线条作为呼应。

03 用蓝色 16 号和紫色 179 号水溶性铅笔在蝴蝶翅膀的镂空内进行渐变填充，注意不要填满，从眼部向外由深到浅渐变会让翅膀有种虚实结合的梦幻感。完成后用擦擦克林匀化一下彩色铅笔粗糙的颗粒感，让渐变更为自然、细腻。在进行渐变填充时，尽量不要碰到白色的主线条，让妆容保持整洁。

04 用美甲平头刷蘸取粉蓝极光粉刷满整个蝴蝶翅膀，营造蝴蝶翅膀晶莹剔透的感觉。薄喷一层消光保护漆定妆。

05 将金色细闪粉加入水性光油中，注意不要加太多，以免导致光油变成黄色的。用一次性勾线笔蘸取光油涂抹出双眼皮高光、下内眼眶高光，绘制出嘴唇高光唇釉的质感。增加少量金色可以让妆容在雅致的前提下，色彩和光泽质感更丰富，视觉上更华丽。

06 将镭射粉加入光油中，用一次性勾线笔蘸取光油涂在眼下、触角线条、眼角上，进行整个妆容的高光特效点缀。随机填充在蝴蝶花纹中，切忌涂满，镭射粉在灯光下会反射像钻石切面一样的光泽，少量使用可以让整个妆容在不同光线下的高光有更多的层次变化。

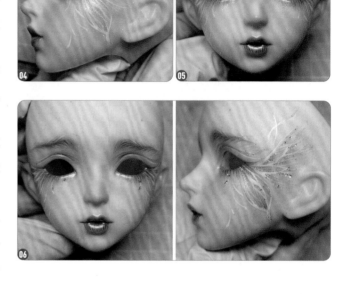

07 在合适的位置涂上 UHU 胶，将透明极光钻贴在眼下、触须、泪痕的末端，营造仙女落下眼泪的梦幻氛围感，同时也提升了整个正面的视觉焦点，让整个妆容即便没有转到侧面露出花纹也能显得完成度极高。在侧面翅膀上也点缀一些透明极光钻与正面呼应，加强花纹中的细节性。

08 用尖头镊子夹取美甲饰品蝴蝶，根据审美贴在额头侧面，营造出很多蝴蝶簇拥在仙女面部的感觉。

09 用牙签蘸取适量的 UHU 胶涂抹在内眼眶，用尖头镊子夹取修剪好的白色假睫毛贴在头模上。白色假睫毛可以将妆容点缀得更有仙气，比别的颜色更适合本主题的妆容。

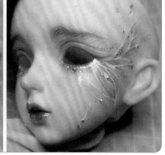

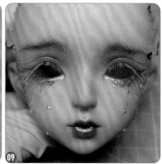

#422726　　#57677E　　#B8A892　　#64878D　　#D39889

7.5.1 灵感分析

　　作为双生主题妆容创作的另外一款妖精妆容，和代表黎明的白晶蝶对应，此案例以暗夜的精灵为主题，围绕夜晚的基调去考虑妆容的视觉要素。

　　双生系列的基调是以蝴蝶为主要仙灵元素的，夜晚主题的这款妆容的视觉效果也依然需要保持童话中神秘梦幻的感觉。

本次妆容在色彩选择上要避免使用过多的暗色，而要考虑用轻透、梦幻的颜色去呈现夜晚。蓝紫色的基调常用于体现夜晚的神秘感，但是白晶蝶的妆容是粉蓝色系的，两者的差别不大。在参考星空、极光及萤火虫等画面后，我感觉荧绿色和孔雀蓝的组合也可以很好地体现夜晚，因此采用了蓝绿色的组合绘制夜蝶的妆容。

然而仅仅通过颜色做区分，层次感还稍显不够。对应白昼主题的妆容所用的珍珠、金色等，夜晚的妆容还需要加入更加华丽的元素以丰富层次感。而暗黑哥特风格是暗夜主题的经典搭配。在提高装饰感和华丽度的同时，哥特风的暗黑元素也可以让妆容整体显得更加妖冶神秘，和白昼主题的妆容在气质上形成强烈对比。

夜蝶元素参考

色调参考

哥特元素参考

7.5.2 妆前工具

消光保护漆、自动铅笔、1.1cm 拉线笔、自制笔刷、一次性勾线笔、腮红刷、圆扁头细节刷、圆头晕染刷、斜角平头刷、美甲平头刷、水性光油、牙签、尖头镊子、UHU 胶、黑色假睫毛、美甲饰品若干。

16　　7

- 捷克酷喜乐水溶性铅笔：蓝色 16 号、红色 7 号。

356　　83　　256　　791　　944　　513

- 申内利尔基础色粉：浅蓝色 356 号、肉色 83 号、薄荷绿色 256 号、深红色 791 号、粉色 944 号、黑色 513 号。

- 粉绿极光粉、孔雀蓝细闪粉、紫绿颗粒闪粉。

240　　530　　630　　710

- 温莎·牛顿丙烯颜料：永固红色 240 号、熟褐色 530 号、马斯黑色 630 号、钛白色 710 号。

- 马利金色丙烯颜料。

7.5.3 步骤演示

1. 晕染底妆

01

02

01 用消光保护漆喷一层底妆隔离，用圆头晕染刷蘸取肉色 83 号加深面部五官区域，用粉色 944 号局部晕染额头、眼窝、眼尾、卧蚕、腮红、鼻尖、下巴、下唇部分。和上一个案例相反，此次是浓重复古感的女王妆容，在用色和肌理制作上可以更自由、大胆，所有的颜色都需要浓重一些。

02 用深红色 791 号重点晕染唇部、腮红、眼尾部分及双眼皮，表现涂抹了红黑色眼影的效果。用薄荷绿色 256 号 + 浅蓝色 356 号绘制所有的冷色区域，强调整个面部的冷暖色对比。喷一层消光保护漆定妆。

2. 绘制所有主线条和五官细节线条

01 用拉线笔蘸取稀释后的熟褐色 530 号，填充整个上内眼眶并画出下睫毛的阴影线条，拉长每根睫毛的长度，让睫毛看上去像蒲扇一样。沿着双眼皮痕迹画出双眼皮主线条和眼窝阴影线条。在双眼皮主线条的上、下增加几条双眼皮线，表现闭眼时双眼皮的褶皱感。用"渗线法"绘制唇缝，并确定上翘的唇角位置。

02 用自动铅笔定位嘴唇的轮廓位置，尤其注意唇缝和唇谷。在永固红色 240 号中加入少量熟褐色 530 号，调出酱红色，用面相笔蘸取平涂整个嘴唇，注意涂抹均匀，不要有明显的笔触痕迹。

完成后，用面相笔蘸取稀释过的酱红色画出下睫毛的主线条。

03 用斜角平头刷蘸取黑色 513 号画出眉毛的轮廓。绘制气场比较强大的女性可以选择细挑眉的眉形。加深眼尾、卧蚕和嘴唇的阴影，在嘴唇上扫上少量黑色，让整个纯色呈现雾面亚光的丝绒质感。

04 用拉线笔蘸取稀释过的马斯黑色 630 号绘制出眉毛的主线条，眉毛的主线条可以张扬、随性一些，以更好地彰显不拘的夜之女王的人物性格。眉尾的线条可以在收尾处绘制一个转折，微微上翘，以增加野性、强势的气场。

05 继续加密眉毛、下睫毛主线条，加深双眼皮和眼线、唇缝和嘴角主线条，然后绘制出唇纹。在口红很浓烈的情况下，只需要绘制简单的唇纹主线条用于增加妆容的细节感即可。

06 用拉线笔蘸取稀释后的钛白色710号画出双眼皮、眼窝、眼角、眉毛、睫毛，以及高光唇纹的所有细节线条，增加白色线条可以让整个妆容有效提亮并显得更为清爽干净。在嘴唇的唇谷部位绘制高光线条，强调唇部的视觉焦点，从而使唇部显得更精致。

3. 绘制花纹

01 用斜角平头刷蘸取黑色513号和浅蓝色356号，在纸巾上混合匀化，在侧脸绘制出蝴蝶翅膀的形状和颜色。完成后用美甲平头刷蘸取大量的孔雀蓝细闪粉，平涂整个翅膀并过渡到耳朵，在眼角、鼻尖和嘴唇上也涂抹一层，提亮整个妆容，营造发出幽幽绿光的氛围感。喷一层消光保护漆定妆。

02 根据蝴蝶的照片总结出蝴蝶翅膀的线条结构和规律，用蓝色 16 号水溶性铅笔绘制蝴蝶草稿，考虑到和白晶蝶是双生主题，创作时需要一定的关联性，所以保留面部蝴蝶翅膀的大体形状及触须。用拉线笔蘸取稀释后的马斯黑色 630 号画出蝴蝶花纹的主线条和细节线条。不用擦去蓝色 16 号水溶性铅笔的颜色，蓝色 16 号水溶性铅笔会和马斯黑色 630 号丙烯颜料融合，丰富花纹的色彩变化。

03 用拉线笔蘸取稀释后的钛白色 710 号画出蝴蝶翅膀和触须上的高光线条，注意白色不要使用太多，在深色妆容中只起点缀作用。然后用红色 7 号水溶性铅笔在蝴蝶翅膀的花纹中央绘制一点红色渐变色点缀出蝴蝶翅膀的颜色变化。

04 用美甲平头刷蘸取大量的粉绿极光粉涂满整个蝴蝶翅膀，给人以暗夜中的蝴蝶翅膀上闪烁着幽幽荧光的效果。薄喷一层消光保护漆定妆。

05 将紫绿颗粒闪粉和粉绿极光粉加入
水性光油中，用一次性勾线笔蘸取光油
涂在双眼皮、眼下、触角线条、眼角上，
进行整个妆容的高光特效点缀。随机填
充在蝴蝶花纹中，切忌涂满，紫绿颗粒
闪粉在灯光下会反射互补光，让整个妆
容在不同角度呈现更多高光层次变化。

06 为了呼应白晶蝶的妆容，在大致相
同的位置涂上 UHU 胶，用尖头镊子夹
取美甲饰品蝴蝶，贴在额头侧面，仿佛
有很多蝴蝶簇拥在夜之女王的头部。用
牙签蘸取适量 UHU 胶涂抹在内眼眶，
用尖头镊子夹住修剪好的黑色假睫毛贴
在头模上，增加妆容的浓重感和整体细
节完成度。

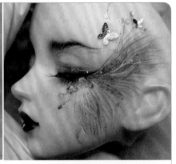

7.6 动漫COS·角色仿妆

#D8A69B

#7A615A

#C5C5B9

#CD9D87

#9FA0BC

7.6.1 灵感分析

动漫 COS 仿妆在 BJD 妆容中是一种较难的妆容。不同于二次元手办妆容的直接将动画妆容还原在手办上，动漫 COS 仿妆的重点在于"仿"字。也就是说，不能原封不动地照着动漫或游戏插画来绘制，必须在绘制接近真人妆容的基础上，融合动漫的特点，创作一种更接近真人 COS 妆容的妆面。

在绘制动漫 COS 仿妆时，首先要参考动漫角色本身眉眼的特点，除了眉毛和眼眶的画法，还可以参考国内外 COSER 的妆容，这样在更接近真人五官的 BJD 头模上绘制的难度会大大降低。

我总结了一些绘制动漫 COS 仿妆的小技巧。

第 1 点：仿妆的重点在仿眉毛和眼眶，鼻、唇等部位可以按照普通 BJD 打底的画法简单绘制。

第 2 点：在绘制眉毛时，参考动漫角色确认眉毛的形状，然后用真人眉毛的画法来绘制，但是注意不要绘制过多、过密的眉毛或杂毛，力求线条简洁、利落，符合动漫形象即可。

第 3 点：眼部刻画的线条感。注意观察角色的双眼皮线条形状，动漫角色的一大特点即以黑色的线条来绘制眼皮和眼眶。所以在仿妆时，双眼皮的线条必须画出，以增加与动漫角色的相似度。

《咒术回战》五条悟

注意眼形或眼眶的外轮廓线条，仔细观察上下眼眶，确认动漫角色的总体眼形，然后在 BJD 头模上绘制。无论 BJD 原本的眼眶是什么形状，在绘制过程中都必须将眼形通过绘画的手法调整到和动漫人物一致。

对于睫毛的部分，可以直接在眼皮上画出上睫毛，也可以通过贴假睫毛来达成，没有硬性规定。通常来说，动漫中都会简化下睫毛，但在实际绘制时要将下睫毛画出来，甚至可以画得更夸张一些，以体现 COS 妆容的特点。

《咒术回战》五条悟

7.6.2 妆前工具

消光保护漆、0.9cm 拉线笔、榭得堂 00000 号面相笔、一次性勾线笔、圆头晕染刷、斜角平头刷、水性光油、UHU 胶、尖头镊子、牙签、白色假睫毛。

| 6 | 356 | 83 | 944 |

● 申内利尔基础色粉：棕色 6 号、浅蓝色 356 号、肉色 83 号、粉色 944 号。

| 210 | 240 | 530 | 630 | 710 |

● 温莎·牛顿丙烯颜料：肉色 210 号、永固红色 240 号、熟褐色 530 号、马斯黑色 630 号、钛白色 710 号。

7.6.3 步骤演示

1. 晕染底妆

01 用消光保护漆喷一层底妆隔离，用圆头晕染刷蘸取肉色 83 号加深面部五官区域，用粉色 944 号局部晕染额头、眼窝、眼尾、卧蚕、腮红、鼻尖、下巴、下唇部分以增加气色感。

02 用斜角平头刷蘸取肉色 83 号，局部加深双眼皮结构、眼窝、卧蚕，同时晕染嘴唇底色。喷一层消光保护漆定妆。

2. 绘制所有主线条和五官细节线条

01 用拉线笔蘸取稀释后的马斯黑色 630 号，填充整个上内眼眶和下内眼眶，并确定好眼形的上翘趋势。用"渗线法"绘制唇缝，根据动漫角色的五官比例绘制嘴唇微笑的弧度和上翘的唇角位置。

02 根据动漫角色的眼形绘制出双眼皮线条、整个上眼眶，以及下眼眶和下睫毛的主线条，注意双眼皮线条要完全遵从动漫角色的线条，不要擅自做修改，觉得单调可以在后期用浅色的细节线条来增加变化性，但主线条力求和动漫角色一致。动漫中的下睫毛一般会有几条黑色简洁的线条，所以下睫毛的黑色线条根据动漫角色适量打底即可。

03 用斜角平头刷蘸取棕色 6 号，加深眼窝、双眼皮结构、卧蚕、嘴唇阴影，增加整个头部的立体感。然后蘸取浅蓝色 356 号，根据动漫角色的眉形特点绘制出眉毛的大体眉形。

04 用拉线笔蘸取稀释过的马斯黑色 630 号，绘制出眉毛的主线条，注意眉毛的主线条不要太复杂，在简单体现毛发的基础上尽量按照动漫角色的眉形来绘制，不要过度加密，以免真人感太重。

05 画出眼眶的上睫毛线条，并且在双眼皮上、下增加适量细节线条，注意细节线条不要过多，只作为对主线条的润色和补充。 然后蘸取稀释过的熟褐色 530 号简单画出嘴唇的第 1 层唇纹，注意唇纹在这里起点缀作用，动漫 COS 仿妆中以唇缝和唇角线条为主要的视觉焦点。

06 用拉线笔蘸取钛白色 710 号绘制白色眼眶和睫毛线条。根据动漫角色的眼眶，可以明显地看到白色外面有黑色的轮廓线，所以在用白色填充的时候要在黑色的轮廓线内并保留轮廓线。由于填充的白色要覆盖住黑色的底色，因此丙烯颜料不要稀释得太稀薄，否则涂上后黑色的底色会在白色颜料干透后透出来。如果出现因透出来颜色变暗的情况，可以再叠加一层白色来提亮。

07 增加白色睫毛的细节线条，细节线条可以不用完全绘制在黑色的轮廓线内，少量叠加、多次绘制睫毛线条可以让眼部的层次感更丰富。

08 将另外一边眼眶的白色线条也画完，然后用钛白色 710 号 + 永固红色 240 号 + 肉色 210 号填充下内眼眶和眼头。

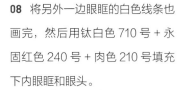

09 绘制下睫毛，参考 COSER 的妆容，通常白睫毛角色的下睫毛会比较夸张且根根分明，所以绘制的时候注意其质感特性。

10 用钛白色 710 号 + 永固红色 240 号 + 肉色 210 号填充下内眼眶和眼头，并绘制出嘴唇的唇纹高光线条。用钛白色 710 号绘制双眼皮、眼眶、睫毛、眉毛的高光线条，提亮整个妆容。

11 根据妆容的视觉感进行最后一次细节调整。在眉弓、眉尾、鼻梁、颧骨、嘴唇两侧的脸颊和下巴，用圆头晕染刷蘸取浅蓝色 356 号增强冷色调，让整个妆容的冷暖色更为平衡。喷 1~2 层消光保护漆定妆。

12 用一次性勾线笔蘸取水性光油涂抹在嘴唇上。完成后，用牙签蘸取适量的 UHU 胶涂抹在内眼眶，用尖头镊子夹住修剪好的白色假睫毛贴在头模上，以增加妆容的整体细节完成度。

小贴士

在绘制了上睫毛和眼眶，贴睫毛的时候，睫毛需要贴得很翘，尽量和绘制的上睫毛从正面看上去重合，否则睫毛弧度下垂会和绘制的眼眶及睫毛有一种分离感，像长了两层睫毛一样。也可以在贴完睫毛之后用真人用的烫睫毛器将睫毛烫翘。

#D9B341

#D9BFA9

#BF7D65

#D96055

#A9A390

7.7.1 灵感分析

妆容灵感来自李白的诗句"清水出芙蓉，天然去雕饰"，我想尝试打破一味华丽繁复的妆容路线，绘制出让人一眼看去如新荷出水、带露无垢的荷花一样整体清透、亮眼且细节处又灵动的妆容。

《出水芙蓉图》

色调参考

拟定好主题后，我开始收集有关荷花的摄影及绘画作品，经过仔细研究选择了新荷偏向薄荷绿色中带一点浅粉色的暖色系——相比盛放到最艳丽的荷花更符合"清水出芙蓉"的气质。

在整个构思过程中，宋代的花鸟工笔贴和日本花鸟绘卷给了我很大的启发，尤其是吴执的《出水芙蓉图》用几乎看不出笔触的画法构建出精简的荷花画面，但是细节处又充满了线条。所以，在绘制本次妆容时，我也会尝试以整体精简、清雅的色块为主，细节多以填充为主要表现手法。

同时，从花瓣的脉络里获得了线条的灵感，于是我打算以脉络感和流动感为主要的绘制方向。

线条参考

7.7.2 妆前工具

消光保护漆、1.1cm 拉线笔、一次性勾线笔、榭得堂 00000 号面相笔、喷笔和气泵、模型漆和稀释液、腮红刷、圆扁头细节刷、圆头晕染刷、美甲平头刷、水性光油、金箔、闪粉、牙签、UHU 胶、尖头镊子、白色假睫毛、美甲饰品若干。

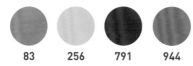

● 申内利尔基础色粉：肉色 83 号、薄荷绿色 256 号、深红色 791 号、粉色 944 号。

● 粉绿极光粉。

● 温莎·牛顿丙烯颜料：熟褐色 530 号、永固红色 240 号、生褐色 540 号、马斯黑色 630 号、钛白色 710 号。

● 马利金色丙烯颜料。

7.7.3 面具步骤演示

1. 晕染底妆

01 使用消光保护漆在头模上喷一层底妆隔离，然后用圆头晕染刷蘸取肉色 83 号加深面部五官区域。注意加深部位的准确性，巩固简约妆容的基本功及对面部结构的理解。

02 用肉色 83 号晕染出脸颊腮红，然后用粉色 944 号晕染出眼尾眼影及唇色，用少量粉色 994 号叠加晕染在腮红部位，注意色彩边界自然过渡。围绕上一个步骤的加深区域做晕染，叠加第 1 层暖色，增加面部层次感。模仿新荷的颜色以浅粉色进行晕染，同时增加面部的"气血感"。

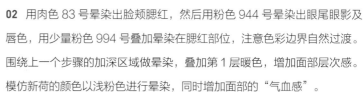

03 用薄荷绿色 256 号晕染出冷色区域，以凸显荷花的配色主题。

04 用圆扁头细节刷蘸取肉色 83 号晕染出面具上所有的鸟尾部分，以及准备画文身部分的形状，在花瓣尖和鸟尾尾部用粉色 944 号叠加晕染。面部也有类似鸟尾部分凹槽处的细节，注意在刷色粉的时候要及时清理凹槽中的卡粉。喷一层消光保护漆定妆。

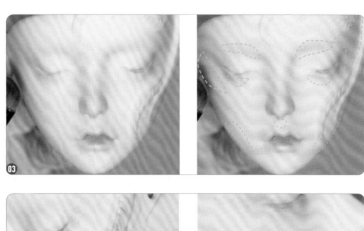

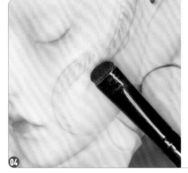

2. 绘制所有主线条

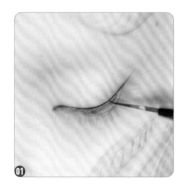

01 用拉线笔蘸取稀释后的生褐色 540 号填充整个眼部，并画出下睫毛的阴影线条。用线条强调五官，要根据妆容的特点调制对应的深色。由于妆容是清雅的基调，因此本次妆容最深的颜色就以暖色系的熟褐色代替黑色，使整体色系更接近植物的自然感。

在生褐色 540 号中加入少量马斯黑色 630 号，加深填充内眼眶并画出下睫毛（睫毛故意绘制得较夸张，模仿根须的感觉，突出植物的脉络感），注意下睫毛线条的疏密和整体形状的灵动感。只有分多层绘制睫毛，才能尽量还原毛发的层次感，刻画时一定要有耐心。

02 蘸取稀释后的永固红色 240 号画出眼部的主线条，以及文身所有的花瓣线条。线条参考工笔画中荷花花瓣的画法，线条顺着脉络从花瓣顶端由密到疏展开，注意保持线条的韵律感，即对疏密的把握。

同样，绘制面纹的花瓣形状需要参考不同的画作，在绘制花瓣的整体布局时，可拿远观察，切忌局限在细节。

03 在永固红色240号中加入少许熟褐色530号，调出较暗的粉色，勾勒唇线并确认嘴角位置。嘴角颜色相对较重，到嘴唇中线偏轻，尽量不要绘制等粗唇线，以免显得死板且缺乏层次感。

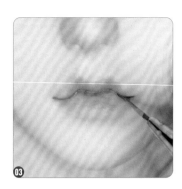

3. 绘制所有白色轮廓线条和细节线条

01 用拉线笔蘸取稀释后的钛白色710号画出白色眼线、眉毛的主线条，以及面纹部分的荷花花瓣线条。白色线条是对主线条的补充和强调，要求与主线条相似。绘制前，建议先考虑清楚哪些地方是需要强调的再下笔，力求简单准确。

02 画出眼皮上的高光线条、下睫毛线条，以及完整的古风眉形。此处选择短眉形是为了让面纹和眉眼主体之间留有空隙，从而突出眼部的花瓣，眉毛只起到点缀作用。

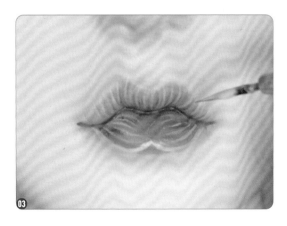

03 画出花瓣形的下唇线条，上唇线条画成普通线条即可。为呼应主题，我在唇部进行了创作——下嘴唇画成荷花花瓣会打破常规的感觉，强化"莲中仙"的印象。

04 顺着之前的粉色主要轮廓线，用白色线条进一步补充并完成所有面纹部分，着重加强荷花花瓣的主要轮廓线条和高光细节线条，注意使用线条的叠加，线条要有深浅变化。喷一层消光保护漆定妆。

4. 装饰妆容

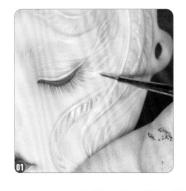

01 使用面相笔蘸取稀释后的马利金色，在眼部、鸟尾及荷花面纹上画出装饰性细节线条。金色只是为了增加妆容的华丽度，以及通过材质色泽的变化增加妆容的质感，所以在使用时要谨慎克制，考虑清楚在哪些地方增加装饰线条，从而使妆容更显高级。

02 使用美甲平头刷在眼部、鸟尾及面纹部分刷上绿色极光粉。在眼部等视觉重心处增加一些金箔以强调视觉焦点。注意闪粉要顺着金线的方向扫，这样会结合得更加自然。薄喷一层消光保护漆定妆。

03 使用一次性勾线笔在需要的位置涂上水性光油并贴金箔。金箔的作用和金粉类似，都是增加层次感和质感的，根据自身审美发挥即可。

5. 贴睫毛

01 因为是莲中仙的主题，为了凸显缥缈的仙气应选择白色假睫毛。将睫毛和眼眶进行对比，确认需要的睫毛长度，并用剪刀剪好睫毛。

02 在眼眶内，用牙签蘸取适量的UHU胶，用尖头镊子夹取睫毛贴上。对于封闭眼眶的眠眼头模，在贴睫毛时要注意胶水的用量，只需要薄薄涂一层，不能过多，否则会在贴上睫毛后溢出。

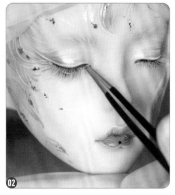

6. 妆容的最终整体装饰和细化细节

01 装饰可以根据审美自行发挥。根据主题，选择珍珠模拟荷花花瓣上翻滚的水珠。在适当的位置用牙签点上 UHU 胶，用尖头镊子夹取珍珠贴上。拿远观察整体，看哪里需要补充，进一步增加妆容的质感和层次感。若肉眼看不出可以用手机拍摄以后进行观察。

02 用尖头镊子夹取美甲饰品蝴蝶贴在嘴唇上——整个妆容还缺少一点灵动感，而蝴蝶因荷花的清香而立于其上，正符合灵动感的需求。

03 在蝴蝶上也点上金箔，起到互相呼应的作用。

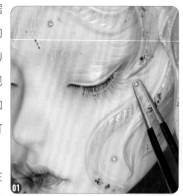

> **小贴士**
>
> 大部分人在贴完配饰以后就忽略了修饰配饰，然而细节就体现在细微处，对配饰进行修饰可以进一步细化妆容，提高妆容的完成度。

7.7.4 鸟配件步骤演示

　　鸟在于衬托荷叶，鸟的形态是以鸟背为中心向翅膀延伸的，而绘制荷叶的纹路可以更加突出主题。同时，因为翅膀、尾部和寡宿面具的面部主体有衔接部分，渐变粉色可以与面部妆容更好地衔接，也可以起到互相呼应的作用。

01 使用消光保护漆给鸟模型喷上一层底妆隔离，然后用 0.5mm 喷嘴的喷笔将粉色水性模型漆以模型漆和稀释液 1：3 的比例进行稀释，用喷笔喷绘出鸟尾巴及翅膀的渐变色。

　　模型漆的颜色可以调淡一些，如果颜色不够，可以多喷几层。每次都等上一层干透后再喷下一层，如果一次性喷太多，会出现喷色不均匀的情况。

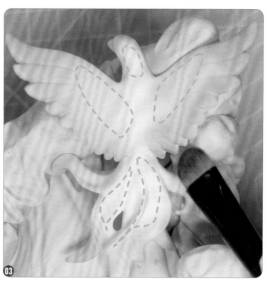

02 用圆扁头细节刷蘸取深红色 791 号，着重加深鸟尾巴及翅膀的顶部，晕染出荷花花瓣的渐变效果。

03 蘸取薄荷绿色 256 号，晕染翅膀和尾巴中间的留白部分，注意冷暖色交接处过渡自然。喷一层消光保护漆定妆。

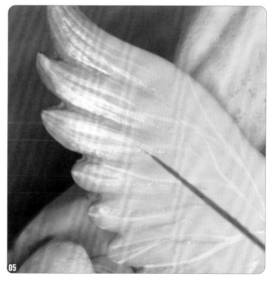

04 用拉线笔蘸取稀释后的钛白色 710 号，参考荷叶的纹路，在鸟的背部绘制线条。在鸟的翅膀尖和尾巴尖处，参考荷花花瓣的纹路绘制线条。在画较长的拉线线条时，注意线条的流畅度、粗细变化。由于是模仿荷花的脉络，而植物脉络会有一些带有钝感的笔触，可以通过补笔来实现。

05 蘸取马利金色，在鸟翅膀和鸟尾等处绘制出金属色装饰线条，增加鸟身的色彩变化，同时呼应面部的的金色线条。

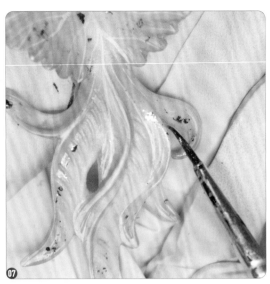

06 用腮红刷蘸取粉绿极光粉，均匀刷满整个鸟身。薄喷一层消光保护漆定妆。

07 使用一次性勾线笔在鸟身上需要的位置涂上水性光油并贴金箔。在绘制单个配件时，一定要随时组装回去，对妆容进行整体观察，然后进行补笔和点缀，这样才能保证妆容的协调性和完整性。

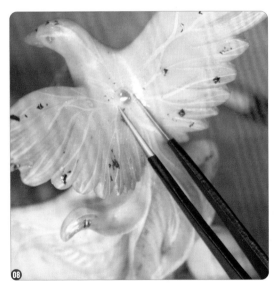

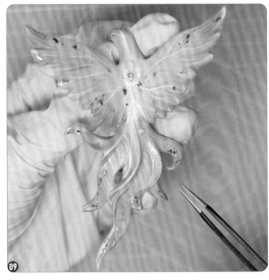

08 用面相笔蘸取马利金色平涂鸟嘴，点缀鸟眼部分，蘸取水性光油固色。在鸟背中心的位置点上 UHU 胶，用尖头镊子夹取一颗珍珠贴上，制作露水在荷叶正中央的感觉，同时增加妆容视觉焦点。

09 将鸟拼装到头部，整体观察，然后在鸟尾巴适当的位置上贴上珍珠，完成最终点缀。

第 8 章

二次元人形通用妆容

二次元正比人形 | 二次元Q版人形 | 二次元人形局部妆容

8.1 二次元正比人形

　　本书定义的"二次元人形"，泛指所有以动漫人物或游戏角色为原型，或面部及身体模型接近二次元角色的手办、PVC可动人形、黏土人（Q版可动人偶）、软陶人形、超轻黏土人形等。随着玩家审美的提高，越来越多的玩家想要对已有的人形进行改妆或者绘制自己喜欢的妆容，所以本书将二次元人形妆容单独划分出来进行讲解。

BJD 的面部接近真人，其妆容画法也可以应用在所有其他接近真人的人形上，而二次元人形的面部特征更接近平面动画或游戏风格，其妆容画法也是独树一帜的妆容画法。

通常，二次元人形脸壳不会开眼眶并完整制作等同于真人缩小比例的五官，所以几乎所有的二次元人形都需要绘制五官，通过绘画形式表现五官的立体性，以二维体现三维，如直接在眼睛上画出睫毛投影及高光等。

当然，随着越来越多的原创者的加入，许多作者在创作人形时也在进行二次元角色和真人感的融合，不过无论进行怎样的创新，了解二次元人形的面部五官画法都是基本功，只有基本功扎实，再结合其他画法和元素，才能创作出更多优秀的作品。

二次元正比人形，其身体结构接近动漫游戏人物对应的真人比例，就面部特征来讲，有更接近纯二次元动漫风格的脸壳，也有偏向 2.5 次元动漫风中混合真人风格的脸壳。总体来说，脸壳主要由人形作者的审美喜好来决定，所以在绘制妆容时也要根据不同的脸壳及对应的人物角色来进行变化。

8.1.1 二次元正比人形面部特征

　　二次元正比人形脸壳比例是更接近真人的，除眉眼画法为动漫风格、眼睛的比例在整个面部占更大的比重外，其他基本符合人脸三庭五眼的标准。通常来说，女性的眼部大于男性眼部，儿童和少年的眼部又大于前两者。

纯动漫风

类真人风

二次元正比人形面部三庭五眼比例和传统的三庭五眼区别在于，作为卡通角色，二次元正比人形脸壳的眼睛比真人大一些，眼睛和脸庞边缘的距离更窄，显得面部修长。

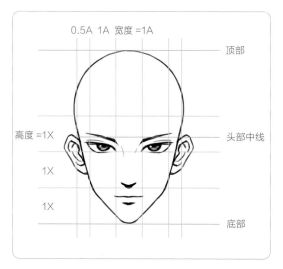

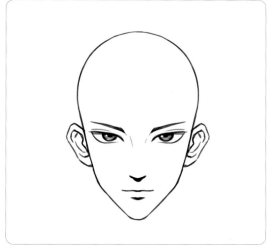

8.1.2 常见脸壳类型

二次元正比人形的脸壳素体一般可分为三种。

1. 已做出五官和具体的眼部结构

这类脸壳一般用于软陶、超轻黏土的自制人形，直接用来翻模五官。这类脸壳无须定位五官的位置，可以直接根据脸壳上的五官进行上妆，需要绘制眼球，上妆技法可以结合 BJD 的类真人画法。

2. 凹凸平面式

这类脸壳已经给出大概的面部轮廓，但是没有精细到把五官都雕刻出来，所以需要根据三庭五眼确定五官的比例、位置及大小轮廓等，画出五官。

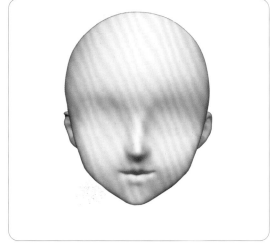

3. 开眼眶式

这类脸壳已经做好了平面二次元风的五官结构，眼眶部分镂空，可以安装和更换眼球。这类脸壳无须定位五官位置，可以直接根据脸壳上的五官进行上妆，无须绘制眼球，只要画出眼眶即可。

8.2 二次元Q版人形

二次元 Q 版人形，最常见的就是由日本 Good Smile Company 推出的 Q 版可动黏土人，国内越来越多的潮玩品牌也推出了原创的二次元 Q 版人形。一般这类人形高度不超过 10cm，面部圆润且眼睛很大，给人一种特别可爱的感觉。所以二次元 Q 版人形妆容的最大特点就是可爱。面部的视觉焦点是眉眼部分，不同的眉眼距离、眼眶大小和形状、眼球及瞳孔的大小位置可以组成不同的组合，让二次元 Q 版人形在可爱的道路上各有各的不同。

二次元 Q 版人形的面部是简化过的，相对二次元正比人形，其五官线条也是简化过的。二次元 Q 版人形的眼睛占整个面部的 1/2，整体给人以圆润、可爱的印象。

二次元 Q 版人形面部比例接近婴儿，脑门大，五官集中在下半部，整个脸部整体占比不到头的一半，眼睛则占据脸部一半左右的空间。相比传统的三庭五眼，二次元 Q 版人形的眼睛宽度占比更大，眼睛和脸庞边缘的距离较窄，显得面部小巧、可爱。

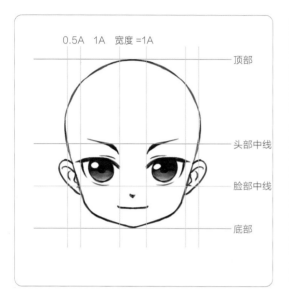

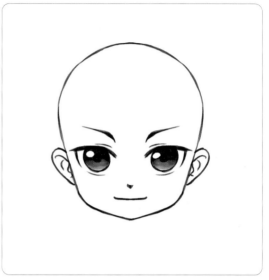

8.3 二次元人形局部妆容

绘制二次元人形妆容通常使用纯动画或漫画的画风，线条不宜像 BJD 妆容那样复杂。在绘制妆容前，可以先找一些动画、漫画，以及现有动画游戏周边进行参考。当然，喜欢真人风的也可以在绘制时加入真人手绘风的元素，在画风方面并没有硬性规定。

还可以将五官专用水贴浸泡在水中，取下对应的五官，直接贴在脸壳上，非常便捷、好用。但是水贴的眼形细节已经固定，不能自由创作，因此，如果想拥有个性化的手办，学会手绘还是非常重要的。

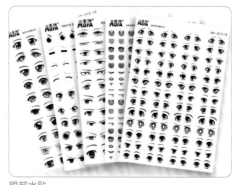

眼部水贴

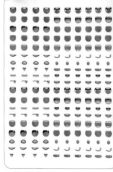

唇部水贴

8.3.1 五官定位法

对于没有具体精雕五官的纯二次元人形脸壳而言，五官定位草稿非常重要——再精细的笔法运用在失衡的五官上给人的整体视觉感受也是极差的。对于初学者来说，以目测的方法来绘制五官一定会产生很大的不对称性，尤其是眉眼部分。和 BJD 眉毛的定位方法一样，二次元人形的五官也可以用同样的方法，使用 2mm 美纹胶带和软尺等工具辅助确定五官的眉眼的精准位置及对称性。

以下以 GSC 黏土人脸壳进行示范，二次元正比人形脸壳除眼睛在面部的占比和二次元 Q 版人形不同外，其他基本相似，不再赘述。

1. 妆前工具

水溶性铅笔（自动铅笔）、2mm 美纹胶带、软尺、擦擦克林、面相笔。

530

● 温莎·牛顿丙烯颜料：熟褐色 530 号。

2. 步骤演示

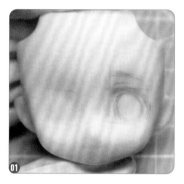

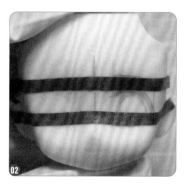

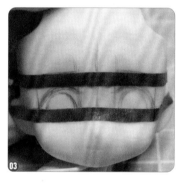

01 按照二次元 Q 版人形的五官比例，在下半张脸的一半位置定位，并绘制出单边的眉眼轮廓。

02 过鼻子中点、嘴唇中点或脸壳上方的额头中点，垂直绘制一条面部中线。然后过眼眶最高点贴两条互相平行且垂直于中线的美纹胶带。

03 用软尺测量已绘制的眼睛两端、眼球两端、眉毛等各种轮廓点到中线的距离，在另一侧按照同样的距离画出对称点，然后画出另一侧的眼睛和眉毛。

04 撕下美纹胶带，补全整个眼部的轮廓线，用擦擦克林蘸水擦掉多余的轮廓线，检查眉眼的对称性，进一步将草稿线条修改得更为精准。

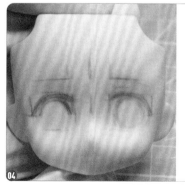

05 用面相笔蘸取稀释过的熟褐色 530 号，按照草稿将五官轮廓主线条全部描出来。

06 等颜料完全干透后，将多余的草稿线条擦除，将五官轮廓的线条补全、补顺。

8.3.2 眼眶 / 眼球 / 睫毛的画法 [视频]

无论是二次元正比人形还是二次元 Q 版人形，眼球部分的绘制方法都是一样的，还可以直接使用印刷好的水贴。

一般而言，男性的眼睛较为狭长，眉形更为锋利，女性则比较圆润，眉形顺滑。眼部最难绘制的部分是眼球。二次元人形需要在平面脸壳上绘制出眼球的立体感，将阴影、高光、投影等都绘制出来，可以参考平面动画中的眼部画法公式进行绘制。

1. 平面动画中的眼部画法公式

01 绘制整个眼部所需线条。

02 用浅色平铺眼部。

03 用深色从上往下绘制眼球的渐变色。

04 用黑色画出瞳孔及眼部细节线条。

05 绘制眼白和眼白阴影，点上高光。

06 绘制眼底反光和眼部高光细节线条。

2. 妆前工具

浅棕色水溶性铅笔（自动铅笔）、榭得堂 00000 号面相笔、圆扁头细节刷、擦擦克林。

83　**944**

● 申内利尔基础色粉：肉色 83 号、粉色 944 号。

240　**530**　**630**　**710**

● 温莎·牛顿丙烯颜料：永固红色 240 号、熟褐色 530 号、马斯黑色 630 号、钛白色 710 号。

3. 步骤演示

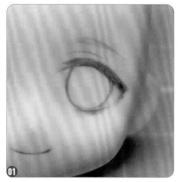
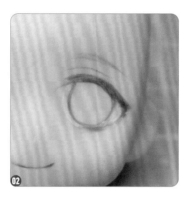

01 使用浅棕色水溶性铅笔在整个面部定位出眼睛和眉毛的位置，用面相笔蘸取稀释过的熟褐色 530 号，画出眉毛、眼眶、眼球的主线条，等颜料全部干透后，将多出的草稿线条用水擦除。

02 蘸取稀释过的钛白色 710 号，平涂出眼白部分。

03 蘸取稀释到很淡的永固红色 240 号，均匀填充在整个眼球的轮廓内，注意每笔都要过渡自然，不要有笔触痕迹。

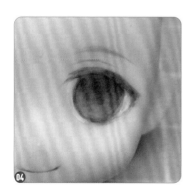

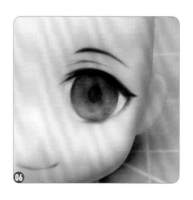

04 用稀释过的永固红色 240 号薄涂眼球，画出第 1 层渐变色。

05 在永固红色 240 号内加入少量熟褐色 530 号，得到暗红色，薄涂眼球上部 1/3 的部分，画出第 2 层渐变色。用熟褐色 530 号加深所有的眼睛轮廓、眉毛，并画出瞳孔。

06 用稀释过的马斯黑色 630 号加深眉毛、双眼皮、眼眶两端及瞳孔。

07 用稀释过的钛白色 710 号晕染眼球下 1/2 处的高光，提亮整个眼球。注意颜色不要一次性晕染太深，可以分几次晕染，过渡一定要自然。

08 用钛白色 710 号画出眼球的高光、反光，以及眼球内的各种细节线条。每个眼球都可以根据自己的喜好更改高光的形状、眼球内的细节线条等，可以参考各类动漫和插画。

09 用马斯黑色 630 号或熟褐色 530 号画出眼眶上的小睫毛等细节线条。然后在钛白色 710 号中加入少量马斯黑色 630 号或熟褐色 530 号，调出灰度较高的白色，在眼眶上和眼球上方绘制出反光线和眼白上方的阴影。

10 用圆扁头细节刷蘸取肉色 83 号，刷出眼窝阴影、眼皮部分。可以根据喜好，用粉色 944 号在眼尾、面颊进行小范围晕染。最后用钛白色 710 号绘制出眼部的所有细节线条。

8.3.3 鼻子 / 嘴唇的画法

二次元人形的鼻子只需要用深于肤色一度的颜色稍微加深结构即可，若追求更细致的变化可以在鼻头晕染一层粉色。

在二次元人形的整个面部中，嘴唇的重要性仅次于眼睛，不同的嘴唇表达不同的情绪。嘴唇的画法主要靠线条来表达。唇形从大类上可分成闭嘴唇形和开嘴唇形，其他都是在这两类基本唇形上演变和衍生而来的。

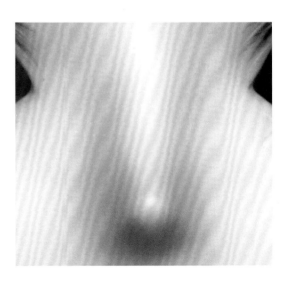

1. 闭嘴唇形

闭嘴唇形的嘴唇为单一线条，不用绘制内部结构，可以用色粉晕染嘴唇的部分。

抿笑唇形	吃瘪唇形	紧闭唇形	委屈唇形

闭嘴唇形的画法很简单，只要先勾出唇部主线条，然后简单晕染纯色即可。

2. 开嘴唇形

开嘴唇形，除了要用色粉晕染嘴唇的部分，还要绘制口腔内部的色彩，会出现舌头和牙齿。

开怀大笑唇形	咬牙切齿唇形	微笑唇形	狂笑唇形

惊讶唇形	大笑唇形	露齿笑唇形	微张唇形

开嘴唇形涉及口腔内部，如舌头和牙齿，可通过线条和色彩明暗变化在平面上表现出嘴唇的深度。本书主要演示开嘴唇形的画法，具体参考第9章。

懒汉唇形

8.3.4 特殊表情的画法

　　除了正常的表情，二次元 Q 版人形的可爱之处还在于有许多其他表达特殊感情的可爱表情（即特殊表情），而且特殊表情基本是以简单的线条和填色来表现的，很容易上手。只要了解对应表情的表达方式，直接绘制即可。

　　同时，在动漫或游戏中，人物的面部经常会出现不同的装饰图案以表达不同的内心活动或者人物感情。例如，脸颊上出现红晕是害羞，额头出现青筋一样的图案代表生气等。很多图案有固定的意义，可以强化人物的情绪。

　　这里总结了一些常用的表情以供参考。

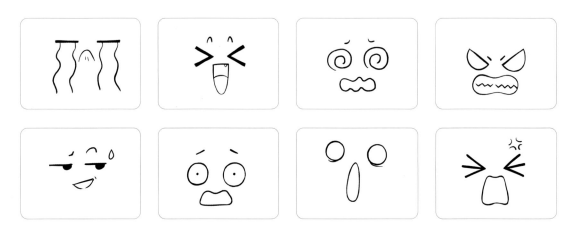

8.3.5 二次元风格装饰图案

　　二次元 Q 版人形还有一些特殊的装饰图案，通常搭配不同的表情来强化情绪。这些装饰图案以可爱为主，在绘制妆容的时候起到点缀的作用。不过，有些是固定搭配，如生气时的青筋符号、感到害羞时面部斜杠红晕符号等，尽量在绘制前了解符号对应的感情特征，以免出现基本的搭配错误。

　　这里列举了一些供读者参考。

可爱、害羞　　　　　　　　　　　　　　　　　　　　　　尴尬、冒失

快乐、幸福　　　　　　　　　　　　　　　　　　　　　　生气、火冒三丈

其他主题

1. 妆前工具

浅棕色水溶性铅笔（自动铅笔）、橡皮擦、榭得堂00000号面相笔、圆扁头细节刷。

83　　**944**

240　**630**　**710**

● 申内利尔基础色粉：肉色83号、粉色944号。

● 温莎·牛顿丙烯颜料：永固红色240号、马斯黑色630号、钛白色710号。

2. 步骤演示

01 使用浅棕色水溶性铅笔在面部定位出眼睛和眉毛的位置，用面相笔蘸取稀释过的马斯黑色630号画出眉毛、眼眶、眼球、嘴唇的主线条。特殊表情的眼部不同于普通二次元Q版人形的画法，线条通常较粗且简洁。

02 等颜料全部干透后，将多出的草稿线条用水擦除。然后用面相笔蘸取稀释到很淡的马斯黑色630号，以及稀释到很淡的永固红色240号，均匀填充在眼球的轮廓内，注意每笔都要过渡自然，不要有笔触痕迹。

03 用稀释后的马斯黑色 630 号薄涂眼球,画出第 1 层渐变色,并细化所有五官主线条。

04 用钛白色 710 号画出三角形的眼球高光,其他眼球反光细节线条等在特殊表情中不用绘制。

05 用圆扁头细节刷蘸取肉色 83 号绘制出鼻子阴影,蘸取粉色 944 号,在脸颊上刷出一片红晕,同时晕染小嘴唇。

06 用浅粽色水溶性铅笔在面颊上定位好代表害羞的椭圆形小红晕图案，然后在永固红色 240 号中加入钛白色 710 号，调出明度较高的粉色，平涂填充椭圆形小红晕。

07 用面相笔蘸取钛白色 710 号，画出眼部的三角形高光，同时在小红晕和下唇画出高光点。

第 **9** 章

二次元正比及Q版人形妆容绘制案例

二次元脸壳初学者入门妆容 ┃ 正比手办脸妆容 ┃ 2.5 次元 Q 版真人风妆容 ┃ 漫画手绘风 Q 版妆容

9.1 二次元脸壳初学者入门妆容

　　对于初学者而言，一切妆容都是在通用妆容上进行变化的。简洁的线条在绘制二次元常用妆容中是最基础的，将动漫中常见的日系卡通风格绘制在脸壳即可。偏动画风格的二次元正比妆容和 Q 版妆容，除比例不同外，其他基本相同，因此入门妆容采用了简洁的线条及基本色彩的平铺叠加的方式。

#0388A6　　#7DBAD4　　#5A8F98　　#875C48　　#B3AAAB

9.1.1 妆前工具

消光保护漆、2mm 美纹胶带、软尺、水溶性铅笔（自动铅笔）、榭得堂 00000 号面相笔、擦擦克林、0.9cm
拉线笔。

530　　630　　710　　370

● 温莎·牛顿丙烯颜料：熟褐色 530 号、马斯黑色 630 号、钛白色 710 号、钛蓝色 370 号。

9.1.2 步骤演示

1. 五官定位和草稿

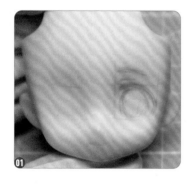

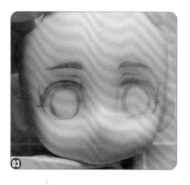

01 使用消光保护漆给脸壳喷一层底妆隔离，干透后用水溶性铅笔沿脸壳下眼眶位置定位出一侧脸的眼睛和眉毛。

02 过鼻子画一条垂直线于面部的中线，使用美纹胶带和软尺定位出另一侧眼睛的一半轮廓。

03 撕掉美纹胶带，把线条补顺并检查对称性，对于不对称的部分，用擦擦克林蘸水擦掉重新定位并画出。注意将眼睛轮廓线画清楚，方便后续勾线。

2. 绘制所有主线条

用面相笔蘸取稀释过的熟褐色 530 号，按照草稿勾出眼睛的结构线和唇线。等全部干透后，用擦擦克林蘸水擦掉多余的草稿线条，擦拭过程中如有掉色的情况，继续用熟褐色 530 号补全和补顺不平顺的主线条。

┌─────── **小贴士** ───────┐

在丙烯颜料稀释得很稀薄的情况下，如果有画错的情况，可趁颜料未干，
迅速用棉签蘸水擦除。

└──────────────────────────┘

3. 绘制眼部 / 细化主线条

01 用面相笔蘸取稀释得很淡的钛蓝色 370 号，均匀填充在眼球的轮廓内，注意每笔都要过渡自然，不要有笔触痕迹。

02 用钛蓝色 370 号继续薄涂眼球，画出第 1 层渐变色。

03 用稀释过的钛白色 710 号画眼白、双眼皮细节线条，晕染眼球下半部的高光。注意晕染高光时不要一次性太亮，可以分几次晕染，高光边缘过渡要自然。

04 在钛蓝色 370 号中加入少量熟褐色 530 号得到偏暗的湖绿色，薄涂眼球上部 1/3 的部分，画出第 2 层渐变色，同时晕染出眼白的阴影。

05 用稀释过的马斯黑色 630 号加深眼眶边缘，并画出简单的上翘睫毛、瞳孔和瞳孔边放射状的细节线条。

06 用钛白色 710 号画出眼球的爱心高光、反光，以及眼球内的各种细节线条。每个眼球都可以根据自己的喜好对眼部的高光形状、反光细节等进行变化。完成后喷两层消光保护漆定妆。

正比手办脸比例介于真人和卡通风格之间，可以理解为真人妆容在卡通风格下的简化。这里选择妖狐作为演示主题。一方面，妖狐是二次元动漫作品里很常见的角色，有很多经典形象且风格明确，所以不会让人太陌生。另一方面，妖狐带有很浓重的和风色彩，可以融合 BJD 古风妆容进行创新。

本节所使用的 VOLKS DD 脸壳本身开有眼眶，所以不需要绘制眼球，重点集中在眉毛、眼眶和嘴唇。该脸壳的开嘴唇形比较特殊，普通平面唇形的画法和 Q 版妆容是相同的，但是立体开嘴唇形要难一些，必须考虑到嘴的内部结构及对应的用色，以及从不同角度看上去嘴唇是否美观等。

#97262A

#C6ACD1

#1C2F57

#C77C5B

#B0AEB2

9.2.1 妆前工具

消光保护漆、自动铅笔、1.1cm 拉线笔、面相笔、圆扁头细节刷、圆头晕染刷、尖头棉签、斜角平头刷、油性光油、黑色假睫毛、牙签、UHU 胶、牙刷、擦擦克林。

● 捷克酷喜乐水溶性铅笔：蓝色 16 号、红色 7 号。

● 申内利尔基础色粉：肉色 83 号、棕色 6 号、薄荷绿色 256 号、深红色 791 号、粉色 944 号、灰绿色 212 号。

● 温莎·牛顿丙烯颜料：肉色 210 号、永固红色 240 号、熟褐色 530 号、马斯黑色 630 号、钛白色 710 号。

9.2.2 步骤演示

1. 绘制所有主线条

01 脸壳是胶皮的，所以使用消光保护漆给脸壳喷上 3 层以上的底漆进行打底保护，防止胶皮在接触颜料和色粉后出现吃色的情况。干透后用面相笔蘸取稀释过的熟褐色 530 号，按脸壳的眼部开孔位置画出眼眶，注意上内眼眶也要填充。同时，画出嘴唇的轮廓线，注意从多角度进行观察，在不确定的情况下可以用自动铅笔绘制草稿，方便修改。

02 绘制双眼皮线条，注意二次元人形的双眼皮线条相较于 BJD 类稍粗，以更符合动漫的感觉。完成后细化眼眶的线条。

03 妖狐的点点眉极具特色，所以选择像狐狸毛茸茸的尾巴一样的形状和线条。用自动铅笔定位眉毛的位置，并确认对称性，用面相笔蘸取稀释过的熟褐色 530 号勾线，并不框死眉毛的轮廓，以更好地表现毛绒感。

04 用面相笔蘸取稀释过的熟褐色 530 号绘制下眼眶的细节线条，用马斯黑色 630 号加深双眼皮、眼眶、双眼皮的线条，绘制出上下睫毛。用稀释过的永固红色 240 号平涂嘴唇内部。

2. 晕染底妆

01 用圆扁头细节刷蘸取肉色 83 号刷出眼窝、鼻梁两侧、鼻头、嘴唇等的阴影部分（红色区域），用粉色 944 号着重在眼尾、面颊、唇部等进行小范围晕染（蓝色区域），用深红色 791 号晕染出嘴唇的底色。

02 用斜角平头刷蘸取灰绿色 212 号，以眉头深、眉尾浅的过渡方式填充眉毛的颜色。完成后喷一层消光保护漆定妆。

3. 增加白色高光和细节线条

01 用拉线笔蘸取稀释过的钛白色 710 号绘制眉毛的主线条。眉毛表现狐狸毛的柔软感觉，弧度要有曲线变化，结合一些真人眉毛的画风，但不用有那么多的细节线条。

绘制双眼皮、睫毛、眼眶、嘴唇的高光线条，高光线条不宜过多，起细化和点缀作用，尤其是睫毛的高光线条要以细腻且弧度卷翘为宜。

02 用面相笔蘸取稀释过的钛白色 710 号，绘制出嘴唇内部的牙齿结构，注意不要稀释得太稀薄，否则会出现画不出颜色的情况。在绘制的过程中如果碰到嘴唇的其他位置，用尖头棉签及时蘸水擦拭干净，等干透后再继续绘制。二次元人形的牙齿特点是在正面平视的情况下也要能够看见，所以要随时转动头模进行观察和修改。

03 用稀释过的马斯黑色 630 号进一步加深双眼皮线条、眼眶、嘴角的主线条，同时简单画出嘴巴内部的舌头结构线，注意舌头的线条不要过深，点缀一下结构即可。

04 蘸取稀释过的永固红色 240 号画出眉毛前的装饰点、上下唇的口红、眼尾的特殊形状眼线，无法直接绘制对称的可以先用自动铅笔打草稿再绘制。完成后喷 2~3 层消光保护漆定妆。二次元妆容也可以根据喜好使用极光粉或贴睫毛，方法和 BJD 妆容一致，不再赘述。

2.5 次元 Q 版真人风，是一种融合了 BJD 真人风画法的 Q 版画风。这种妆容和传统动漫妆容最大的差别是其在眉毛、眼眶和睫毛部分均保留了真人风的画法，只是在线条上进行了简化。

由于绘制的形象原型通常是现实中的真人，因此画法是先总结真人的五官特点，然后进行创作的，与简化的缩小版 BJD 真人风妆容画法类似。

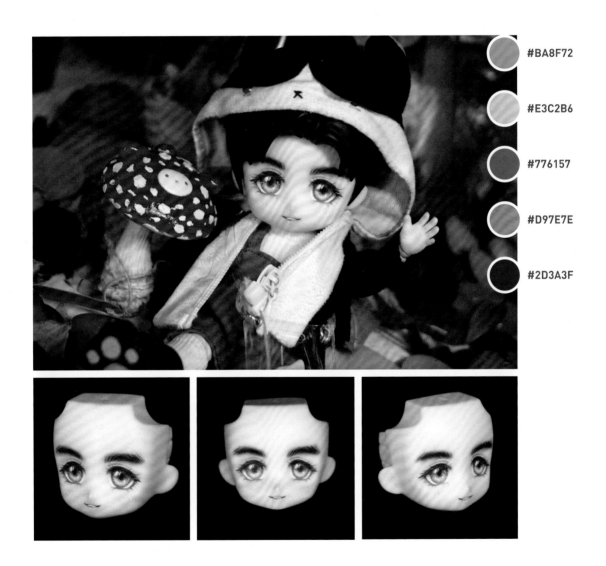

#BA8F72

#E3C2B6

#776157

#D97E7E

#2D3A3F

9.3.1 妆前工具

消光保护漆、2mm 美纹胶带、水溶性铅笔（自动铅笔）、橡皮擦、榭得堂 00000 号面相笔、0.9cm 拉线笔、圆扁头细节刷、斜角平头刷、擦擦克林。

● 申内利尔基础色粉：肉色 83 号、棕色 6 号、粉色 944 号、黑色 513 号。

● 温莎·牛顿丙烯颜料：熟褐色 530 号、土黄色 500 号、马斯黑色 630 号、钛白色 710 号。

9.3.2 步骤演示

1. 五官定位和草稿

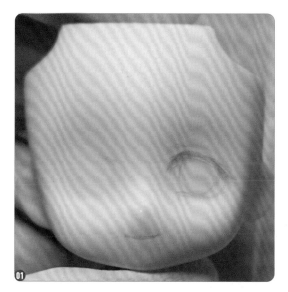

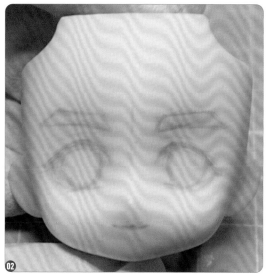

01 使用消光保护漆给脸壳喷上一层底妆隔离，干透后用水溶性铅笔沿脸壳下眼眶位置绘制出一只眼睛。

02 使用美纹胶带定位出另一只眼睛的位置。绘制单边眉毛，用同样的方法绘制另一边眉毛。等全部画完后，撕掉美纹胶带，把线条补顺并检查对称性，有不对称的部分用擦擦克林蘸水擦掉重新定位并画出。完成后将草稿线条勾勒清晰，擦除多余的辅助线，这样才不会影响后续勾线的精准性。

2. 绘制所有主线条

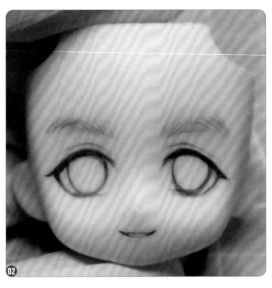

01 用面相笔蘸取稀释过的熟褐色 530 号，按照草稿勾出眼睛的结构线和唇线，并在眉毛的轮廓内按照真人风的画法简化一下线条，画出眉毛的主线条。等全部干透后，用擦擦克林蘸水擦掉多余的草稿线条。

02 在擦拭过程中如有掉色的情况，则用熟褐色 530 号补全和补顺不平顺的主线条。

3. 绘制眼部 / 细化主线条

01 用面相笔蘸取稀释得很淡的土黄色 500 号，均匀填充在整个眼球的轮廓内，注意每笔都要过渡自然，不要有笔触痕迹。

02 用圆扁头细节刷蘸取肉色 83 号刷出眼窝阴影、眼皮部分。可以根据喜好，用粉色 944 号在眼尾、面颊、唇部进行小范围晕染。用斜角平头刷蘸取棕色 6 号刷出眉毛底色。

03 蘸取稀释过的钛白色 710 号平涂出眼白部分，同时画出双眼皮和眼窝的高光线条。用稀释过的熟褐色 530 号薄涂眼球，绘制出第 1 层渐变色，并晕染出眼白上的阴影。

04 在熟褐色 530 号中加入少量马斯黑色 630 号得到暗棕色，薄涂眼球上部 1/3 的部分，绘制出第 2 层渐变色。用熟褐色 530 号加深所有的眼睛轮廓、眉毛，并绘制出瞳孔。

4. 增加白色高光和细节线条

01 用稀释过的钛白色 710 号晕染眼球下 1/2 处的高光，提亮整个眼球。注意颜色不要一次性太深，可以分几次晕染，过渡一定要自然。同时，提亮除眼白阴影部分外的眼白。

02 用拉线笔蘸取马斯黑色 630 号绘制眉毛的主线条和睫毛。要从眼眶内向眼眶外绘制卷翘的上下睫毛，并在眼尾处绘制向下垂的睫毛，注意上下睫毛的弧度要自然。可以参考真人风睫毛的画法，稍微在主睫毛旁增加两根细节线条加密睫毛，但不宜过多。

用斜角平头刷蘸取黑色 513 号加深眉毛，让眉毛看上去更浓密、黑色线条更自然。

03 用稀释过的钛白色 710 号提亮眼球、眼白、双眼皮，并画出眉毛、嘴唇、睫毛的细节线条，以及牙齿和嘴唇的高光线条。

04 在钛白色 710 号中加入少量马斯黑色 630 号调出灰色，在眼睛靠近眼眶的位置画出眼球的反光。

05 用钛白色 710 号画出眼球的高光、反光，以及眼球的各种细节线条。每个眼球都可以根据自己的喜好绘制高光的形状。在脸颊上绘制高光线条，增加人物脸蛋可爱、Q 弹的感觉。完成后喷两层消光保护漆定妆。

漫画手绘风Q版妆容

　　漫画手绘风是区别于动画风的一种画法。不同于 CG 动画风格色块填充的均匀感及色彩过渡的平滑感，漫画手绘风妆容更强调突出类似漫画或插画中更具有手工绘画痕迹的线条感和笔触感。例如，水彩的晕染纹理或马克笔的叠加纹理、笔刷留白等。

　　漫画手绘风的线条无须像动画风那样简洁精准，也不用像类真人风那么细节化，尽量突出手绘感觉是漫画手绘风妆容的重点。不同于之前的章节，本案例选择了另一种二次元中常见的上扬式眼形作为示范，通常这类眼形搭配微张的唇形，给人冷淡、孤僻的感觉。

#743041　　#7EA6BF　　#CEAB9F　　#A68444　　#524D35

9.4.1 妆前工具

消光保护漆、2mm 美纹胶带、水溶性铅笔（自动铅笔）、橡皮擦、榭得堂 00000 号面相笔、圆扁头细节刷、擦擦克林。

- 申内利尔基础色粉：肉色 83 号、粉色 944。

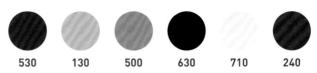

- 温莎·牛顿丙烯颜料：熟褐色 530 号、深黄色 130 号、土黄色 500 号、马斯黑色 630 号、钛白色 710 号、永固红色 240 号。

9.4.2 步骤演示

1. 五官定位和草稿

使用消光保护漆给脸壳喷上一层底妆隔离，同之前的章节一样，干透后用水溶性铅笔、美纹胶带定位眼睛、眉毛的位置，并注意眉眼的对称性，及时修改和重新定位，直到画出精准的眉眼草稿。

2. 绘制所有主线条

01 用面相笔蘸取稀释过的熟褐色 530 号，按照草稿勾出眼睛的结构线和唇线。等颜料全部干透后，用擦擦克林蘸水擦掉多余的草稿线条，然后把所有的轮廓主线条画平顺。

02 蘸取稀释过的永固红色 240 号，顺着眼睛上轮廓画出上翘的红色上眼线，并平涂微张的嘴唇缝隙。

3. 绘制眼部 / 细化主线条

01 蘸取稀释过的深黄色 130 号均匀填充眼球底色，注意过渡自然，尽量不要有笔触痕迹。

02 蘸取少量马斯黑色 630 号 + 钛白色 710 号，调出浅灰色，填充眉毛。

03 用稀释过的土黄色 500 号从上往下薄涂出眼球的渐变色。

04 用稀释过的熟褐色 530 号均匀填充整个眼眶，并且细化眉眼线条，同时画出竖条形兽瞳。

05 用稀释过的马斯黑色 630 号画出眼球的第 2 层渐变色，同时加深眼眶、瞳孔、双眼皮及眼球轮廓。绘制出唇角的主线条。

4. 晕染和高光

01 在绘制细节线条前需要先加深五官阴影。用圆扁头细节刷蘸取肉色 83 号刷出眼窝和鼻子阴影，也可以根据喜好，在脸颊上刷上粉色 944 号作为腮红。

02 用面相笔蘸取稀释过的钛白色 710 号平涂出眼白，眼白部分的颜料尽量不要稀释得太稀薄，以免出现不着色的情况。晕染出眼睛下半部分的高光，画出瞳孔和双眼皮的细节线条。模仿漫画插画的笔触画出眉毛和下睫毛的细节线条。

03 调出灰色（同眉毛颜色），画出眼白阴影。用钛白色 710 号进行整体的细节加强，增加具有手绘感的细节线条。着重画出眼部高光、瞳孔反光、上下睫毛细节线条、嘴唇高光，以及眉毛毛茸茸的感觉。喷 1~2 层消光保护漆定妆。

第 10 章

身体上妆技法

BJD 手脚妆容画法 ┃ BJD 身体妆容画法 ┃ 二次元 Q 版身体妆容画法

10.1 BJD手脚妆容画法

　　面部是一个人身体最为细致的部分，所以前面用了大篇幅详细解说了面部五官的各种画法。相对于面部而言，身体化妆就简单很多。只要了解了正确的身体结构和肌肉走向，在对应的部分进行加深和提亮就可以很快完成身体基本妆容的绘制。此外，其加深和提亮的技法和面部是相同的，在没有特殊需求的情况下无须像绘制面部妆容那样细致。

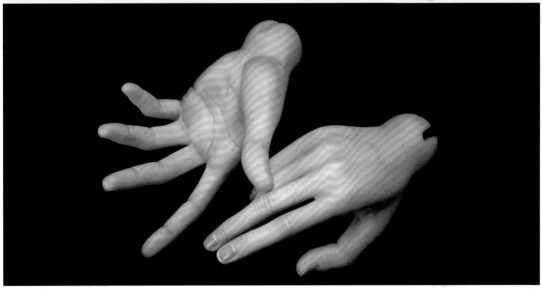

由于大部分 BJD 或手办的身体部分都隐藏于衣下，所以许多人并不会绘制身体妆容，而可动关节类身体模型的身体妆容很容易在把玩的过程中磨损，但补妆和卸妆的难度都较大。在整个身体上，手脚是经常露出的，尤其是手部。而且，手脚的块面划分更为细致，也有更多的细节。

二次元 Q 版人形由于身体模型简单，并且以圆润为主，和真人的画法相差甚远，所以本书会将类真人模型和二次元 Q 版模型分为两大类进行讲解。

手和脚的细节几乎是相通的。例如，手部有手指和指甲，脚部有脚趾和脚指甲；手部有青筋和突出的骨关节，脚部亦然。所以只要掌握好手脚的结构，其他部分的画法是基本相同的。当然，在绘制前，还是要找一些多角度的照片或者绘画作品作为参考，也可以观察自己的手部和脚部，从而发现在不同动作和角度的变化下那些意想不到的细节变化。

10.1.1 手脚的结构和细节

真实的手部骨骼和肌肉结构很复杂，绘制妆容不用深入探究到底有多少块骨头、各叫什么，以及经络如何分布等，我们只需要了解手的大致骨骼结构。脚骨的前段结构和手骨的前段结构几乎是一样的，只是比例不同罢了。男性的骨关节比女性的骨关节明显，最柔和的是儿童的。

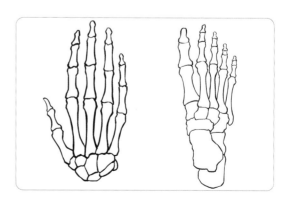

手部和脚部可活动处的皮肤会因为拉伸变形而形成褶皱，这就有了关节上的褶皱，以及手掌上分布的掌纹。年龄越大，手脚使用得越多越粗糙，皮肤褶皱越明显。同样，青筋也是年龄越大越凸起明显的。男性的青筋凸起会比女性明显。

儿童圆润的手脚是几乎看不到骨节、关节褶皱及青筋的，所以在绘制的时候要首先考虑到绘制的手脚模型原本属于什么年龄阶段的人群，然后根据人群特征进行绘制，尤其要区分男、女、儿童的差别。如果千篇一律，如在儿童的手上绘制大量的皮肤褶皱和青筋凸起，显然是不合适的。

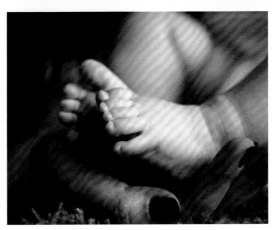

手脚都有指甲，指甲一般分为两个部分，上部白色半透，下部露出甲床的肉粉色。指甲有不同的形状。有些人喜欢给指甲绘制图案或者画指甲油，这些都可以在上妆时根据喜好自由发挥。

10.1.2 手脚妆容的画法

　　了解了手部和脚部的结构上妆就容易很多了，只要在肌肉凹陷处、皮肤褶皱堆积处进行加深，在肌肉平滑处留白或者稍提亮，然后注意观察手上有青筋和有红血丝的部分，用色粉晕染青筋和红血丝的区域，最后画上指甲即可。

　　如果想追求更接近真人的效果，就可以绘制皮肤的褶皱、红血丝的纹路。此外，指甲盖上的纹路色彩变化也可以进行细化，还可以用制作皮肤肌理的方法给手部和脚部也喷洒上毛孔肌理和各种瑕疵。

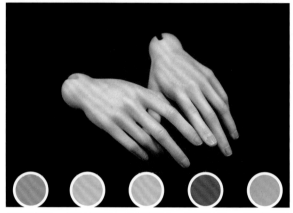

#9A8C86　#EFB1BA　#E3B3A2　#734B43　#DC997C
真人风的 BJD 手妆

简洁风的 BJD 脚妆

1. 妆前工具

　　消光保护漆、榭得堂 00000 号面相笔、一次性勾线笔、圆扁头细节刷、圆头晕染刷、水性光油、牙刷。

83　　944　　356　　252

● 申内利尔基础色粉：肉色 83 号、粉色 944 号、浅蓝色 356 号、绿色 252 号。

530　　515　　710　　240

● 温莎·牛顿丙烯颜料：熟褐色 530 号、浅赤土 515 号、钛白色 710 号、永固红色 240 号。

2. 晕染底妆

01 使用消光保护漆在模型上喷一层底妆隔离，用圆头晕染刷蘸取肉色 83 号加深手部的凹陷处、手指关节、手指尖、指腹、手掌等部位。注意过渡自然，第 1 层底色不宜过深。

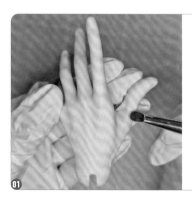
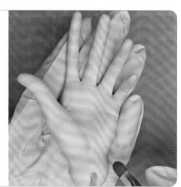

02 用粉色944号淡淡地晕染手指关节，指腹、手掌等位置，凸显整个手部的气色感。用圆头晕染刷蘸取浅蓝色356号＋绿色252号，提亮手指、手背，以及手掌对应的冷色区域。手模上有青筋的部分也可以扫上一点，这样可以在下一步细致描绘青筋的时候使其过渡更自然。注意青筋是从皮下淡淡透出来的，绘制时可以分段晕染，保持自然过渡。喷一层消光保护漆定妆。

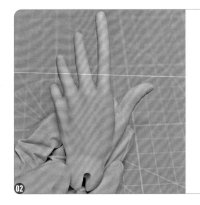

3. 绘制所有主线条

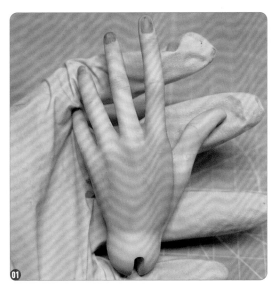

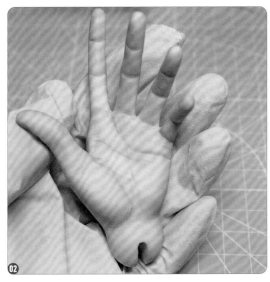

01 用面相笔蘸取稀释过的熟褐色530号＋浅赤土515号填充指甲的颜色，同时绘制所有手指关节，以及手背、手侧等部位的皮肤褶皱线条，注意线条并不都是平行的，可仔细观察自己手部的手指线条，如手指关节褶皱线条为橄榄型、手侧线条向手腕倾斜等，随时对照自己的手来绘制。

02 绘制掌纹和手腕处的褶皱线条，注意掌纹不是单一的线条，而是有很多杂乱的线条交错的，绘制时在把几条主要的掌纹画出来后，其他的细节线条可以按照个人喜好随意增加，不过小纹路要适量，否则会显得手很苍老。

4. 绘制细节线条和高光

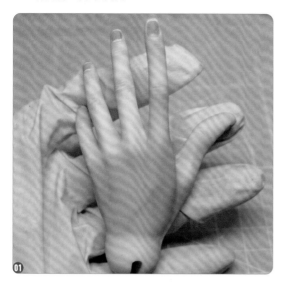

01 用面相笔蘸取稀释后的钛白色 710 号画出指甲上部的白色透明区域，勾勒手指上指甲衔接处的轮廓，也可以画出指甲上的"小太阳"来细化指甲的真实度。在绘制皮肤褶皱线条的部分增加白色细节线条。

02 在手掌内也绘制适量的白色细节线条，注意白色细节线条只起点缀及丰富细节的作用，不宜过多。喷 1~2 层消光保护漆定妆。

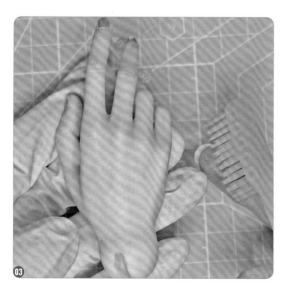

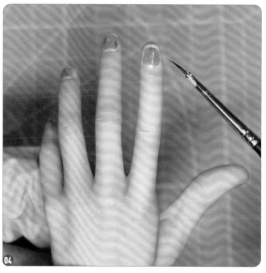

03 用牙刷蘸取稀释过的熟褐色 530 号，喷刷出皮肤肌理。喷 1~2 层消光保护漆定妆。

04 用一次性勾线笔蘸取水性光油涂抹指甲的区域。注意指甲的天然状态是雾面的，所以建议薄涂一层水性光油即可，干后的效果正好接近这种天然质感。如果想要涂出指甲油的效果，可以使用油性光油。

　　身体妆容的画法比头部和手部妆容的画法都简单，因为大部分模型都已经将身体的肌肉结构塑造好了，可以看到明显的肌肉凹陷和凸起。

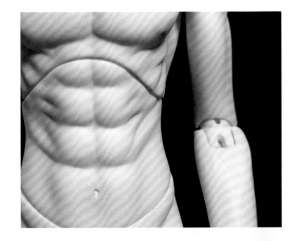

　　最简单的身体妆容就是加深身体上的阴影面，以及将细节部位进行润色。所有类真人的身体模型都可以用这个方法。当然性别不同，在身体妆容方面还是有差别的。男性可以适当加强阴影对比，塑造更重的肌肉感；女性、少年和儿童则应适当柔化，体现肌肉的柔和质感。

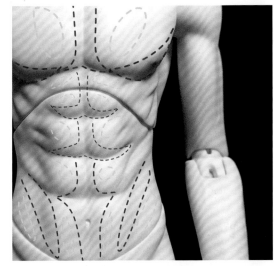

　　如果想绘制出真人风的身体妆容，可以寻找足够的参考资料，仔细观察后进行皮肤纹理、青筋、皮肤褶皱的绘制。至于要细致到什么程度，完全可以根据自己的喜好。

　　BJD 的身体和不可动的一体形模型不同的是，可动关节的人偶模型在摆造型时对关节有一定的磨损，所以连接两个部分的球关节处尽量不要上色，或者浅浅带过即可。

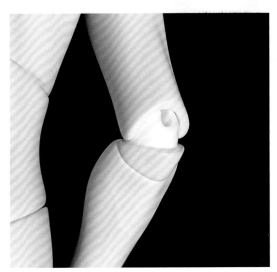

二次元 Q 版人形的身体非常圆润，多观察动画及漫画中的 Q 版人形身体的特点可以发现其身体的肌肉结构是被完全简化的，有些甚至连手脚都会被简化成一个简单的整体形状。所以，在绘制妆容时，只要尽可能地体现身体可爱、软萌、圆润这些特点即可，切忌添加过多真实的元素。

10.3.1 身体妆容的特点

给二次元 Q 版人形的身体上妆，除根据肌肉结构在凹陷和阴影处进行加深外，需要重点润色手、足、手肘、膝盖等关节处，晕染浅浅的粉色足矣。本书对需要晕染的部位进行了一些总结以供参考。当然，也可以根据自己的喜好进行晕染。

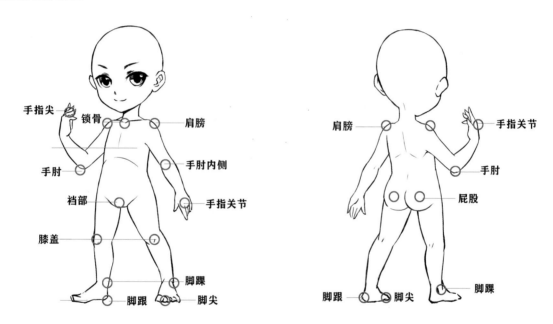

由于是二次元风格，因此可以在身体上绘制特有的可爱图形，如 X 形的肚脐，或者在小屁股上晕染粉色红晕后再点缀白色的高光，以体现 Q 弹、粉嫩、圆润的效果等。

总体来说，二次元 Q 版人形不需要太过拘泥于现实结构，可以围绕着可爱的主题尽情发挥。

10.3.2 身体妆容的画法

本节展示的身体模型为 OB11，该模型具有关节和关节可动性，并且有许多手模可进行替换。选择这款身体模型是为了让读者在绘制 BJD 类的身体关节时有所参考。

1. 妆前工具

消光保护漆、榭得堂00000号面相笔、圆头晕染刷、圆扁头细节刷。

83 **944**

710

- 申内利尔基础色粉：肉色83号、粉色944号。
- 温莎·牛顿丙烯颜料：钛白色710号。

2. 晕染底妆

01 使用消光保护漆在身体模型上喷一层底妆隔离，用圆头晕染刷蘸取肉色83号加深锁骨、胸下、屁股、手掌、手肘、膝盖等部位的结构阴影。注意过渡自然，第1层底色不宜过深。

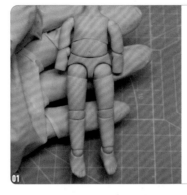 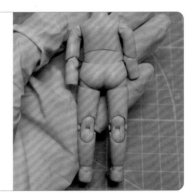

02 手部可以取下来单独上色、加深手指尖的部分，由于手掌经常做抓握动作，因此可以不进行加深。

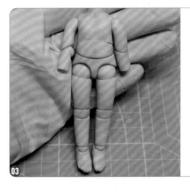

03 用圆扁头细节刷蘸取粉色944号重点、小范围地加深锁骨、肚脐、膝盖、背脊和屁股，以凸显身体的红润感。

04 手部着重加深指尖区域和手指关节区域，使其看起来胖乎乎的。

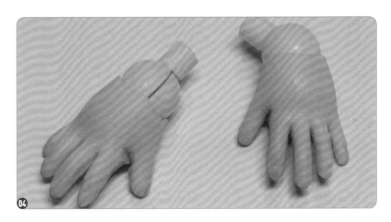

3. 绘制高光

用面相笔蘸取稀释后的钛白色 710 号，画出屁股、手背等部位的高光，以凸显身体的光滑、Q 弹之感。喷一层消光保护漆定妆。

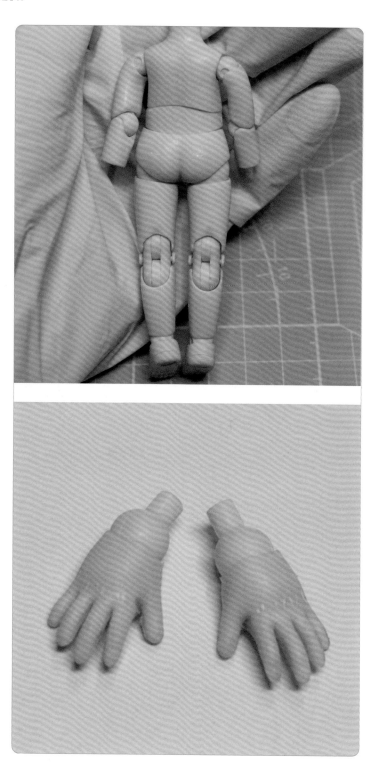